ケンブリッジの卵

回る卵はなぜ立ち上がりジャンプするのか

下村 裕
Yutaka Shimomura

慶應義塾大学出版会

ちょっと大げさかもしれないが、私は回転卵の数理に神秘を感じた。
この問題は奥深く美しいものに違いない。

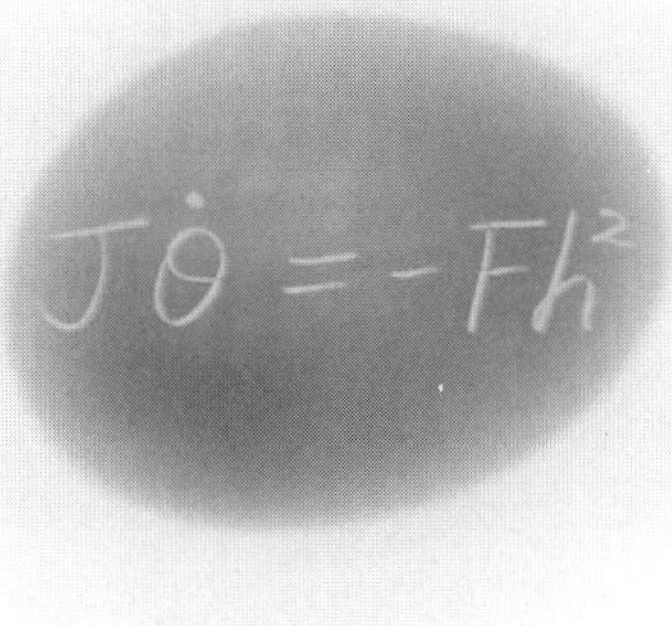

ケンブリッジの卵——回る卵はなぜ立ち上がりジャンプするのか◆目次

Preface

Scientific research is an intellectual adventure, whose progress can have as many twists and turns as any other adventure of the human spirit. It is an adventure that often calls for collaboration between scientists of very different backgrounds and sometimes from very different cultures; the challenge that drives such adventure and collaboration is the search for truth and understanding within some field of observable phenomena.

Yutaka Shimomura here tells the story of one such adventure spanning a period of about five years. It begins during an extended visit that he made to the University of Cambridge in 2000-2002, when I was privileged to make his acquaintance. We soon discovered our mutual interest in a curious and simple phenomenon that had until then defied scientific explanation: the fact that if you spin a hard-boiled egg sufficiently rapidly on a smooth table, its axis of symmetry will rise to the vertical. This is the sort of phenomenon that is easy to observe but remarkably difficult to explain, although the mathematical equations that describe the motion of such 'rigid bodies' as the hard-boiled egg have been known for at least 250 years.

The final polished publications that describe the results of such research give little indication of the effort that goes into the work at every stage, of the many false steps that can be taken along the way, and of the great patience needed in exploring different possible approaches before the approach that finally 'cracks' the problem is discovered.

Professor Shimomura tells his story with great charm and humour, and succeeds in giving science the 'human face' that it so often lacks. He tells of our developing friendship through this mutual endeavour, and reveals with great skill the manner in which a successful and stimulating scientific collaboration can develop. Young people contemplating a career in scientific research may be encouraged by this story, which reveals both the challenge and the fun of scientific investigation, in an easily understood and accessible context.

Cambridge, Good Friday 2007
Keith Moffatt

序文

科学研究は知的な冒険であり、その発展は人間精神の他の冒険同様、多くの紆余曲折が在り得る。それは、全く違う背景そして時には非常に異なる文化を有する科学者同士の協力をしばしば求む冒険であり、このような冒険と協力を駆り立てる挑戦は、観測できる現象のなんらかの領域内における真理と理解の探究である。

下村裕は、ほぼ五年にわたるそんな冒険の一つをここに物語る。それは彼が2000–2002年ケンブリッジ大学に長期訪問していた期間に始まり、その時期に私は彼との出会いに恵まれた。私たちは、互いの興味がそれまで科学的な説明を拒んでいた不思議で単純な現象にあることが、すぐわかった。なめらかなテーブル上でゆで卵を十分速く回すと、その対称軸が鉛直に持ち上がるのである。ゆで卵のような「剛体」運動を記述する方程式は少なくとも250年間知られているにもかかわらず、これは簡単に観察できても説明がとりわけ難しいたぐいの現象である。

そのような研究の成果を表す洗練された最終論文は、各段階での活動に注ぎ込まれた労力や、その道程で取りうる多くの間違った歩み、そして、ついに問題の“殻を破る”方法が発見される前に、異なる可能な方法を探る際必要とする大きな忍耐を、ほとんど示さない。

下村教授は、大変魅力的にユーモアを交えて彼の物語を伝え、このようにしばしば欠落する人間味を科学へ与えることに成功している。彼は、この互いの活動を通して育まれた私たちの友情について語り、成功を収めた刺激的な科学的協力が発展した経緯をとても巧みに明らかにする。科学探求の挑戦と楽しさとの両方がわかりやすく親しみやすい文章によって表されたこの物語は、科学研究に身を置くことを考えている若者を勇気づけるであろう。

ケンブリッジ、2007年聖金曜日

キース・モファット

プロローグ

『ネイチャー』二〇〇二年イースター号

二〇〇二年三月二十八日（木）。卵をシンボルとするイースター（キリスト教の復活祭）を間もなく迎えようとしていた。その日、「回転卵」の謎に関する私たちの論文が権威ある英国科学雑誌『ネイチャー』に発表される予定であった。

四歳になったばかりの長男をいつもより早く車で保育園に送った後、ケンブリッジ駅へ向かう。そして新聞『タイムズ』を駅の売店で買い求め、ロンドン行きの電車に飛び乗った。その論文が記事になると聞いていたのである。

ページをそろりそろりとめくる。・・・あった！二つの手、それぞれの下で卵が回って立っている大きな写真が目に飛び込んできた。

写真の下にある記事をじっくり読むことができたのは、その中にKeith Moffatt and Yutaka Shimomuraの文字を確認した後であった。私は車内にこもれる朝の光に包まれた。

一時間足らずでロンドンのキングズクロス駅に到着する。電車を降りて駅構内の本屋に立ち寄り、配達されたばかりの『ネイチャー』を見つけた。

さっそく一冊買ったが、中身をすぐに見たいという気持ちを抑え、今度はサウスケンジントン目指して地下鉄のピカデリーラインに乗る。科学博物館で、私たちの発見を論文発表にあわせて紹介するイベントが開かれることになっていた。

地下鉄の中でおそるおそる開けてみると、目次の欄に私の作った図があった。そしてわずか一ページ半に蒸留された本論文の末尾には二人の名前があった。感慨にふける間もなく、地下鉄は目的地に着いた。私にとって忘れ得ぬ日である。

モファット教授と著者（科学博物館，2002年春）

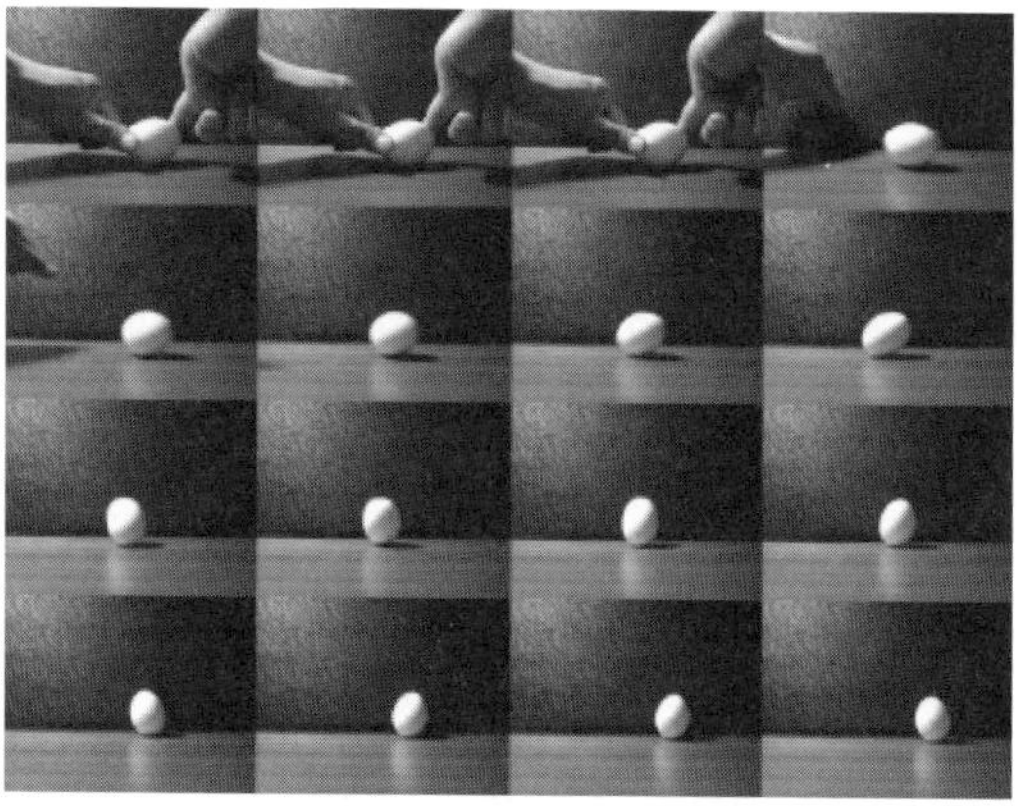

ゆで卵が立ち上がるまでの連続写真

コロンブスは知っていたのだろうか。ゆで卵をテーブルに置いて速く回すと、卵はやがて立ち上がる。

碁石やラグビーボール、はたまたレモンやキーウィフルーツ等、楕円形の輪郭をもつ物体であればいかなる物でも同じようなことが起きる。これらは一般に知られた現象であるが、重心が重力に抗して上昇する理由が解明できず、物理学の世界で長年の謎とされてきた。

私は英国のケンブリッジ大学に研究留学中、このテーマについてキース・モファット教授と共同研究を行った。

その結果、回転が速い場合に、運動中一定の値をとる量が一般的に存在することを発見し、この運動を表す方程式の解を得ることに成功した。

その後研究はさらに進展し、新たなメンバーを加えて未知の現象を理論的に予測した。高速で回すと、卵はテーブルからひとりでにジャンプするという現象の予測である。

そして、この信じがたい現象を慶應義塾大学の同僚と一緒に日本で実証することができた。高速で回る卵はきわめて小さなジャンプを繰り返しながら立ち上がるのである。

○・・・・・・・・○・・・・・・・・○

本書は、物理学の聖地であるケンブリッジ大学と私の所属する慶應義塾大学における研究の物語である。

序文を寄稿してくれたモファット教授と共に長年解けなかった「立ち上がる回転ゆで卵」の謎をどのようにして解明したのか、「回転ゆで卵のジャンプ」という未知の現象をいかに発見し実証したのか、また、この共同研究で学んだこと、英国留学の様子、日本と英国との違い、そして大学で私が教えていることなども、未熟な雑文ながら併せて伝えたい。

素粒子のような極微の世界、あるいは宇宙のような極大の世界を眺めなくても、身の回りを見直せば解明されていない不思議が数多く現れる。

咲き誇るバラやチューリップは誰もが知っている美しい花である。しかし、庭のすみっ

こや歩き慣れている道端に目を向けると、そこにも愛らしい草花がひそやかに咲いている
のである。

第一章

物理学百年の謎

ケンブリッジ留学

私の専門は「流体力学」である。流体力学は空気や水がどのように流れるかを調べる学問であり、飛行機の翼設計はもとより天気予報や空調等、様々なところにその知見が利用されている。

気体・液体の流れのほとんどは右往左往しながらふらふら乱れており、「乱流」と呼ばれる。人がタバコを吸いながら歩いたとき、はき出された煙は乱れた空気の流れを見せてくれる。それが身近にある乱流の一例だ。

乱流は大小様々な渦が入り乱れ変動する流れであり、その振る舞いを予測することは単に物理的な興味を喚起するだけでなく、実用上も大変重要である。例えば、台風の進路予測は乱流が関与する切実な問題だ。

しかし乱流すべての運動を知ることは困難であり、まず平均的な振る舞いを予測することが求められる。そのためには、平均からずれた部分のモデル化が必要となる。これは「乱流のモデル化」と呼ばれ、私がこれまで研究してきたテーマである。

慶應義塾大学塾派遣留学という制度により、二〇〇〇年三月末から二年間、私は海外で研究できる幸運に恵まれた。どこで何を研究してもよいという、とてもおおらかな制度である。

研究テーマは「燃焼乱流のモデル化」と決めた。燃焼乱流とは、燃料と酸素が化学反応を起こすことによって熱が生じ、その結果発生する気流のことである。

エンジンの中で爆発が起こってピストンが動くときもこの流れが現れる。また、火災が発生して延焼していく際、助かるためにはどちらに逃げればよいのか、といった問題も燃焼乱流の研究に含まれる。

燃焼乱流は、大小様々な渦からなる乱流に加えて、化学反応というミクロな別の現象が関与する複雑な流れである。乱流のモデル化をこれまで研究してきた私にとっても、挑戦に値するテーマであった。

研究する場所を決めるにあたって二つ候補があった。英国かアメリカである。アメリカのUCサンディエゴはコンピュータを駆使した研究が盛んである。一方英国、特にケンブリッジ大学は解析的研究が優れている。

燃焼乱流のモデル化で有名なブレイ教授は、ケンブリッジ大学工学部に所属しているはずであった。その当時出版された私の論文内容と、大変関係の深いモデルを作った大家である。

工学部の研究室では、自動車メーカーのロールスロイス社とエンジンの共同研究など、かなり実用的な研究も行われているようだった。

思案の末英国に決めて、さっそくケンブリッジ大学工学部に受け入れの可能性を電子メールで問い合わせてみた。

ブレイ教授はすでに定年退職されたようで、私のメールは研究室のマネージャー、サビル博士に転送された。そのサビル博士から
「あなたの研究業績から判断すると、共同研究できるテーマがたくさんあるので歓迎します」

という返事が来た。

留学の約半年ほど前、一九九九年夏にケンブリッジを訪れる機会があって、サビル博士と工学部で面会することになった。工学部は市街を目抜くトランピントン通りに面しており、ミイラも展示しているフィッツウイリアム博物館とアフタヌーンティーで有名なロイヤルケンブリッジホテルの間にその正門がある。

ジェームズ・ヒルトン作『チップス先生さようなら』のモデルとなった、パブリックスクールのリース校とも道路を挟んで隣に位置している。

正門わきに二重螺旋をデザインしたような近代的モニュメントがあるが、建物はいかにも工学部という風貌の頑丈で飾り気のないもので、ケンブリッジ大学の紋章が鈍く光っていた。

玄関を入ってすぐ横にある受付で、サビル博士と面会の約束があることを伝え、ノートに氏名と所属を記入した。すると、名前を書いたシールを手渡され、しきりで区切られた一角で待つように言われた。

椅子に腰掛け待っていると、ほどなく金髪で細身の英国紳士が階段を下りてきた。ホームページでサビル博士の顔は知っていたので、本人であることはすぐにわかった。通例の挨拶をすると三階にある工学部の談話室へ案内された。そして、そこでお茶を飲みながら話しをした。

彼のグループはＣＦＤ、つまり計算流体力学研究室であり、私を歓迎するとのことであった。

話しが一段落した頃、

「燃焼乱流の分野で有名なカント博士がもうすぐ来ることになっている」

と彼が言った。カント博士の名前は初耳だったのであるが、ブレイ博士の後継者のようだった。

しばらくすると、小柄ながら立派なひげをたくわえ、厚いレンズの眼鏡をかけたカント博士が現れた。私と同じ年頃の学者であった。

握手をして初対面の挨拶をした後、燃焼乱流を研究したいことを伝えた。すると彼も私の滞在を歓迎すると言った。

かくして私は、ケンブリッジ大学工学部ＣＦＤ研究室で燃焼乱流のモデル化をテーマとして研究することになったのである。

コレッジ

渡英の前に準備することがもう一つがあった。どこかのコレッジに所属することである。慶應義塾大学の先輩教授である田中亮三先生によると、コレッジのメンバーになればケンブリッジ大学を知る上でもよいし、また住まいも貸与してくれる可能性があるとのことだった。

ケンブリッジ大学はコレッジと学部の二重構造になっている。この関係はいまだによくわからないのだが、三十一あるコレッジは独立採算で成り立っているのが特徴である。そのために、コレッジは教育や研究以外でも多角経営している。コレッジの建物が結婚式場として新聞広告に出ていたり、チャペルで有料のコンサートが頻繁に行われたりする。

あるいは、コレッジに必ずいるバーサー（会計担当）は、土地や株に投資するなどして収益を生むようである。経済学者として有名なケインズは、キングズコレッジのバーサーであった。

大学生は基本的に所属するコレッジに住まい、食事もそこでとる。多くのコレッジは、図書館、チャペル、スポーツ施設、そしてバー等の娯楽施設も備えている。つまり、学生にとってコレッジは生活の場でもあるのだ。

また、独身の教員も希望すればコレッジで住と食が賄われる。その昔、教員は僧侶のような職位であり、妻帯は許されなかったためにこのようなシステムになったのかもしれない。

ほとんどの教員は学部とコレッジに所属し、学部ではもちろん、コレッジでも学生を教育している。

ケンブリッジ大学が誇るコレッジでの教育としてスーパーヴィジョンがある。これは、教員が家庭教師のように少人数の学生を対象におこなう授業である。

学生も質問しやすいし、教員も学生それぞれの理解度に合わせて指導できる。コストはかかるが、質の高い教育システムである。私の大学院生時代における経験からも、隣の部屋に指導教授が居るという環境は貴重であると言える。

私は、研究もさることながらケンブリッジ大学自体の伝統や風習を知りたかったので、ぜひどこかのコレッジに所属したいと考えた。

そこで、訪問研究者をメンバーとして受け入れてくれるコレッジをインターネットで探したのだが、ほとんどのコレッジは公募していなかった。

それでも一つだけ、クレアホールというコレッジのホームページにはその募集要項が載っていた。このコレッジは、伝統あるクレアコレッジによって一九六六年に設立され、ケンブリッジ大学の独立したコレッジとして一九八四年に認可された比較的新しいものである。大学図書館に近いケンブリッジ中心西部に位置し、リスや小鹿も見られる木々の茂ったハーシェルロードに面している。在籍学生は大学院生のみで、これまで全世界から集まってきた訪問教授の数はケンブリッジで最も多い、国際的また学際的なコレッジである。家族連れの訪問教授も歓迎し、ダイニングホールでの食事や様々なイベントも家族で参加で

クレアホール
(http://www.clarehall.cam.ac.uk/index.php?id=54より)

きるという。

通常のコレッジでは、子供がコレッジに入り教授たちと一緒に食事をとるなどということは許されていない。学生でさえ教授たちと並んで食事することは稀である。ダイニングホールにはハイテーブルといって一段高い場所があり、教授陣はそこで学生を見下ろしながら食事をするのが通例である。映画『ハリーポッター』に出てくるホグワーツ魔法学校のダイニングホールさながらである。

ところが、クレアホールには子供用のハイチェアーがあってもハイテーブルはないのである。この点を見ても、クレアホールは非常に気軽でくつろげる異色のコレッジであった。私はクレアホールの訪問教授という資格でコレッジに所属できることになった。

渡英

住まいは、ケンブリッジ大学の訪問学者協会に適当な賃貸物件を尋ねた。家のオーナーは大学とは無関係なのだが、訪問学者の多いケンブリッジではそういった一般の物件も無料で紹介するのである。不安が募る毎日だったが、住所が決まると安心することができた。

渡英の間際まで、航空券の手配、引越し荷物の輸送、自家用車の手配、パスポートや労働許可証の取得などで忙しい日が続いたが、できる限りの準備をした。

そして二〇〇〇年三月三十日、私は家族を連れてついに英国へ旅立った。十二時間ほど窮屈な思いをすると眼下に英国が見えてきた。

これまで何度か来ているため格別の思いはなかったが、初めての家族には、飛行機から見下ろす大地の緑、畑の黄土色、そして建物の赤茶色が美しいコントラストを成していることが新鮮であるようだった。私たちはロンドンヒースロー空港に到着した。

ケンブリッジに行くにはスタンステッド空港がもっとも近くて便利なのであるが、日本から直行便が無かったので無難なヒースロー空港を選んだ。

入国審査では少し緊張したが、多少時間がかかった以外特に問題は生じなかった。

時差のため、日付は同日の三月三十日だったが、空港を出ると肌寒い空気が夕暮れに漂っていた。

少し強行軍だったが、ここからさらにバスで二時間ほどかけてケンブリッジに行き、バス停近くの簡易ホテルに二泊する予定であった。

三十分ほど待っただろうか、ようやく待望のバスが来た。乗車して
「ケンブリッジまで」

と運転手に伝えると
「どこ?」

と聞き返してくる。

もう一度
「ケンブリッジ」

と大声ではっきり言ったところ、

「ああ、カインブリッジね」

と運転手本人が言い直し、やっと理解したようであった。

からかわれたのか本当に通じなかったのか定かではないが、英語による今後のコミュニケーションを不安にする材料となったことは間違いない。

それでもバスはどんどん冷え込んでゆく街を走り続けた。もうろうとした意識の中で、日本にはない家並みや英国らしい建物がぼんやりとうす暗い視界に入ってきた。

さすがに疲れたのか私以外は皆眠っていた。起こして見せたいという衝動をなんとか抑えて一人夜景を眺めていた。

ようやくバスがケンブリッジ中央バス停留所に到着したので、今度こそ家族を起こしてバスを降りた。時刻は午後九時を過ぎ、外は予想以上に寒かった。

予定どおりホテルに二泊し、契約していた借家に移った。玄関に掛けてある昔のケンブリッジを描いた絵の額以外は特に凝った内装がない家だったが、日本の我が家と比べるととても広いものであった。

前庭の芝生には、赤いバラと黄色いラッパ水仙が寂しげに咲いていた。そして裏庭には樹齢のいったりんごの木が二本あった。

ダイニングルームの揺り椅子から窓を通して空を見上げると、赤い実をつけた背の高い庭木の枝がそよ風に揺れていた。

このとき初めて、英国に住むという実感が湧いた。英国留学はこうして始まったのである。

工学部

ケンブリッジでの生活のために必要な手続きがたくさんあったが、私は一刻も早く研究を始めたかった。それにはまず、工学部のサビル博士かカント博士に連絡を取る必要がある。

しかしイースター休暇のせいか、電話を何度かけても留守番メッセージが流れるだけで連絡がつかなかった。まだ電子メールも使えない状態だったのである。

しかしある昼下がり、ふとカント博士の研究室に電話すると運よくつながった。

「日本から来た下村です。何度かお電話したのですが連絡がつかず、ご挨拶が遅くなりました。どうぞよろしくお願いします」

と伝えると
「留守にしていて失礼しました。無事に到着されて良かったですね。研究室の準備はもうできています。例えば明日午後二時半はいかがでしょう。その時刻なら私がご案内できます」

との返答であった。

私は礼を言って受話器を置いた。そして翌日、ネクタイを締めて工学部に出向いた。前の年と同じように、受付に名前を告げ待合所で待っていると、カント博士がやって来た。握手をして挨拶すると、まず事務室の並ぶ二階に案内された。

初めに学部秘書室に入ると、秘書が訪問研究員関係の事務を取り扱っているようだった。彼女は手際よく必要書類を出し、記入箇所を指示した。

その場で記入すると、図書館利用の登録やメールアドレスの作成がすぐに行われた。さらに部屋に入れるようＩＤカードまで作ってくれると言う。

少し待つとProfessor Yutaka SHIMOMURAと描かれた写真つきのＩＤカードができ上

がった。その後、三階にあるＣＦＤ研究室担当の秘書室へ行くと、カント博士が私を紹介した。

文房具等必要なものはここで調達できるとのことだった。秘書室の横にＣＦＤグループのリーダー、ドーズ教授の部屋があった。あいにく長期出張中とのことで、かなり後になって挨拶することになる。

四階をとばして五階にあるカント博士居室の所在を教えてくれた。正直言って位置関係がよく把握できなかったが、また四階に連れ戻された。

大きな実験風洞がある一角を抜けると非常階段のようなものがあった。カント博士がとんとん登って行くので私も後に続くと、そこがＣＦＤ研究室であった。

彼は
「作ったばかりのＩＤカードの動作確認をしよう」

と言って、扉の横についているスライダーにカードを通した。二秒ほどするとカチッという音が鳴り、引っ張ると扉が開いた。

カント博士は
「大丈夫だ」

と言ってカードが機能したのを確認した。

開いた扉から覗くと、中に三部屋並んであるようだったが、まず中央の部屋に入った。

最初に目に飛び込んだのは、ＣＦＤマネージャー、サビル博士と書かれた透明なガラス戸の小部屋だった。彼に挨拶すると留守を詫びて私を歓迎してくれた。

そして右手奥の部屋に通された。そこは大学院生とポストドクター（通称ポスドク）の部屋のようであった。ポスドクとは博士号を取得後に研究する者の総称である。広い部屋をついたてで細かく仕切り、様々なコンピュータが机の数を上まわるほどあった。

カント博士は入り口近くの一角を指差し

「申し訳ありませんが適当な場所が見つからないので、この机で研究していただけるでしょうか」

と言う。大学院生が入る雑居部屋であったが、贅沢を言えるはずもなく

「ありがとうございます」

と答えた。

個室は期待していなかったものの、学生と同じ部屋であることに少しためらいがあった。しかし後にこの環境に感謝することになる。若い人たちから様々なことを学び、また楽しいイベントにも誘ってくれるなど、ケンブリッジでの生活を大いに楽しむ一因となったのである。

サビル博士によると、二、三日でコンピュータも用意してくれるとのことだった。そして、私の研究テーマを具体的に決める会合を翌週の月曜日に開くことになった。私は二人

に礼を言って別れた。

一人になってから与えられた椅子に座ってみると、けっこう落ち着いて研究できそうな気がした。隣の机に若い学生が居たので、自己紹介をした。彼はイタリアから来た博士課程の大学院生で、燃焼爆発に関する研究で博士論文をまとめていると言う。

研究室のこと、コンピュータの使い方、学生生活の様子など、冗談を交えて気さくに話してくれ、その後もこの学生にはずいぶん世話になった。

彼の隣にもう一人イタリア出身の学生がいた。この二人は典型的なイタリア人で、他の学生と比べるととても陽気だった。他にも何人かいたようであったが、研究の邪魔をするのも悪いので、その日はそれで立ち去った。

留学一年目

会合を約束した月曜日、少し早めに研究室に行った。私の机には、すでにコンピュータが置かれていた。

定刻になったので中央の部屋に入ると、カント博士とサビル博士が談笑していた。

「ハロー」

と言って、大きなテーブルを囲んで腰を下ろし、少し雑談してから本題に入った。

まず私がこれまでの自分の研究を説明する。するとサビル博士は
「それらすべてと密接に関係した研究ができる」

と言い、いくつかのテーマに関する論文や資料を私に手渡した。

少し驚いたのだが、彼はその中で「複雑形状流れの格子生成」というテーマの重要性を強調する。

コンピュータで流れをシミュレートする場合、連続的な空間に格子を設けて分割し、その格子の代表点で方程式を数値的に解くのが一般的である。その場合、直方体のような単純な空間形状だと問題ないのだが、F1カーまわりや肺の中の空気流を解析する場合は、格子の作り方を工夫しなければならないのである。

サビル博士は
「工学上非常に大事です」

と言ってこのテーマを私に勧めた。

燃焼乱流のモデル化を研究したい、という私の希望は伝えてあったはずだった。今日の会合は、その分野の細かいテーマ設定だと思っていた私は少し当惑した。

しかしあからさまに断るのも気が引けたので
「その分野で経験のない私が、どのくらい寄与できるか自信ありません。できればお伝えしていた燃焼乱流のモデル化をテーマとしたいです」

と答えた。

カント博士は大きくうなずき、サビル博士もなんとか同意してくれたので、私はほっとした。

では燃焼乱流のモデル化のどのような側面を研究すればよいか、カント博士に聞いてみた。

彼は学生との共著論文を取り出し、「炎の表面密度」という概念を用いたモデルをおおまかに説明してくれた。私はこれまでの経験を生かせそうなテーマだと感じたので
「この論文で使われている経験的モデルを理論的に導出できるか検討してみます」

と伝えた。

この会合後、カント博士から手渡された論文を読んだのだが、よくわからない箇所がたくさんあった。燃焼乱流の基礎を知らない私には当然のことであった。そこで、『燃焼理論』という有名な教科書を読むことから始めようと思った。

この本の著者は、アメリカ留学の場合に受け入れ可能性を問い合わせた、UCサンディエゴのウィリアムズ教授であった。よく引用される名著らしいので日本から持参していた。

この本を根気よく読み進めたのだが、初学者にはかなり難解で、私の知りたい燃焼乱流の記述もよくわからなかった。そこでカント博士に、もっと基本的な本がないか尋ねてみると、『反応乱流』という本がよいとのことだった。

さっそく書店に問い合わせると絶版で在庫がないというので、工学部の図書館にあたってみた。すると旧版と新版があり、新版は誰かが借りていることがわかった。旧版を借りて少し読んでみると、私の知りたい内容が明解に説明されていた。この研究室の教授であったブレイ教授も著者の一人であり、数章を執筆していた。司書が借り戻してくれた結果、何日か後に新版も届いたので、そちらも借りることができた。

中身を見ると内容がかなり違うので、初学者の私は両方きちっと読もうと思った。他にも借りたい人がいるようなのでコピーをとることにしたが、どちらも分厚いのでずいぶん時間がかかった。そして、旧版と新版の『反応乱流』を研究室や図書館で精読する日が当分続くことになる。

かなり丁寧に読んでいったので、両方を読み終えた頃は夏休み明けの九月に入っていた。長い期間をかけて読破したのだが、その結果浮き彫りとなったのは、この分野が予想以上に発展していること、そして化学反応を乱流モデルに組み込もうとするとこれまで私が用いてきた方法論では複雑になりすぎること、この二つの事実であった。

何か寄与できる点がないかと、論文を読んだり解析計算をしたりして検討した。しかし、結局このような状況を打開できず、二〇〇一年三月頃に行き詰まってしまった。残念ながら、留学最初の一年はほとんど成果が出なかったことになる。

そして四月からは別の研究室に移動するよう、サビル博士から通告された。理由は大学院生が増えるのでスペースが確保できないとのことだったが、実は目に見える研究成果を私が出せなかったからかもしれない。

移動先は、エネルギー工学全般を研究しているホプキンソン研究室であった。幸い、研究室は新築されたばかりの棟に在り、環境としてはよりよいものになった。

また、スタッフの一人であるギリシャ出身のマストラコス博士とは、燃焼乱流のモデル化について共同研究することになった。二年目は心機一転、ホプキンソン研究室が私の仕事場となったのである。

モファット教授との出会い

残された留学の時間をどうすれば有効に使うことができるだろうか。その糸口すらつかめず、内心では苦悩の日々を過ごしていた。

ちょうどその頃、流体力学者として有名なモファット教授がオイラーディスクに関する講演を行うことを耳にした。

モファット教授はケンブリッジ大学応用数学理論物理学部（ＤＡＭＴＰ）の教授であった。ＤＡＭＴＰは名著『流体力学』の著者であるバッチェラー教授が創設した学部で、流体力学の歴史ある学術雑誌を発行し続け、伝説的な教授を多数輩出してきた流体力学のメッカである。もちろん、バッチェラー教授が初代学部長である。

モファット教授は一九八三年にバッチェラー教授の後を引き継ぎ、一九九一年にクライトン教授が就任するまでＤＡＭＴＰの学部長を務めた。

電磁流体力学の分野で多くのめざましい業績があり、「モファット渦」という渦の発見者でもある。私が出会った頃は六十四歳であったが、その名声は世界に轟いていた。

ＤＡＭＴＰはその他の分野でも世界を先導している。最年少でルーカシアン教授に就任した宇宙物理学者のホーキング教授もＤＡＭＴＰの所属である。

ルーカシアン教授とは、十七世紀にヘンリー・ルーカスによってケンブリッジ大学に創

キース・モファット教授
Photo by Jill Paton-Walsh, 2005

設された数学教授の職位に就いた者のことである。

当時の教授は聖職に就くことが義務であったが、ルーカシアン教授はそれが免除された。万有引力を発見したニュートンや、反物質を予言したディラックもルーカシアン教授であった。

ケンブリッジではそれまであまりセミナー等に参加しなかったのだが、この講演会には惹かれるものがあった。

学生時代に読んだ流体力学のテキストはモファット教授が書いたものであり、彼がどんな講演をするのかに興味を覚えたのである。また、研究に行き詰まっていた時期でもあったので、気晴らしのつもりで聴講しようと思った。

実はモファット教授とは同じ研究分野であるので、留学前に面識があった。

留学後も、奇遇なことに初めて行ったケンブリッジの床屋で出会い、少し前の二〇〇〇年四月に他界したバッチェラー教授とクライトン教授を悼む会話をした覚えがある。

モファット教授の講演会は宇宙物理学者テュロク教授の企画によるものだったので、私も参加してよいかと念のため電子メールで問い合わせてみた。

すると

「参加のみならず近くの人に宣伝してください。講演の前に講演者を囲んでのティーサービスがあるのでそちらもどうぞ」

DAMTPがある数理科学センター
（http://www.damtp.cam.ac.uk/about.html より）

という返事が来た。

そこで二〇〇一年三月十六日、ケンブリッジ大学の数理科学センターへ定刻の少し前に足を運んだ。

人々が三々五々集まり、モファット教授もテュロク教授と一緒に現れた。テュロク教授が私をモファット教授に紹介したが、

「床屋ですでに出会った」

と言ってお互い苦笑した。

紅茶とビスケットを前に他の人と座談していたとき、モファット教授が卵のパックを持参していることに気づいた。当然その話も出たが、

「生卵は難しい」

ということしか聞きとれず、真意がよくわからなかった。

十五分ほどのお茶の時間を終え、皆で講演会場に向かった。聴衆は数理工学関係の教員と研

究員や大学院生等で、その数は合わせて二百人ほどであったように思う。本題の講演が始まった。

コインをテーブルの上で回すと両者の接触によって振動音が出るが、その振動数はコインが倒れるにつれ高くなる。この現象をヒントに『オイラーディスク』というおもちゃが作られている。

モファット教授は、空気抵抗によるエネルギー散逸を勘案することによって、振動数が有限時間内に発散することを初めて証明したのである。おもちゃの実演を交えた講演は期待どおりの興味深い内容で、聴衆は皆満足したようだった。

オープン・クエスチョン

講演も終わりかと思われたとき、モファット教授がなぜか件の卵パックを演台に上げた。そしてその中から卵を取り出し、テーブルの上に置くやいなやその両端をもって回し始めた。

「あああれか。」

一瞬、私はそう思った。

十分に速く回したゆで卵は立ち上がる。つまりゆで卵の対称軸方向が、水平から鉛直に変化するのだ。しかし生卵の方は、そもそも速く回転せず寝たままである。

この運動は物理の話題として取り上げられていて、以前から私も知っていた。ただ、どの文献もゆで卵がどうして立ち上がるかを完全には説明できていないように感じていた。そのため、いつか暇ができたときに自分でも本格的に計算して確かめたいと思っていた問題であった。

ところが壇上のモファット教授は、卵が立ち上がる条件を表す数式を手書きのＯＨＰに映し出し、この問題が解決したことを発表したのだ。

そして

「ゆで卵が立ち上がる理由はこのように簡単なので、ケンブリッジ大学の数学試験『トライポス』にちょうどよい問題だ」

とまで言う。

「試験でこんな難問を解くなんて、ケンブリッジ大学の学生はなんて優秀なのだろう」

と私は素直に驚嘆した。

モファット教授は続けて、

「生卵は内部に流体が入っているので通常は速く回せない。しかし何らかの方法で十分速く回した場合、果たして立ち上がるだろうか。この問題はオープン・クエスチョン（未解決の問題）である」

と言明した。

本来のテーマに行き詰まっていた私はこの言葉に魅了された。そして、このオープン・クエスチョンに挑戦してみようと密かに決心したのである。

後で考えて見ると、多数の聴衆の中でこの問題を真剣に受け止めた人間は、私しかいなかったようである。

倒れないコマ

回転するゆで卵の問題は、物理学で「剛体力学」と呼ばれる分野のテーマになる。「剛体」とは変形しない物体を意味するが、剛体力学について説明するにはコマを取り上げると最もわかりやすい。

回転するコマはなぜ倒れないのだろうか。一見すると単純に思えるこの現象も、いざ説明を求められると難しい。極論すれば、剛体力学とはコマに始まりコマに終わると言ってもよいほど、奥深い問題なのである。

古来、多くの学者がコマに関する論文を発表してきた。ちょうど三百年前の一七〇七年にスイスで生まれ、歴史上最も業績の多い数学者といわれるレオンハルト・オイラーが解いた「オイラーのコマ」、フランスの数学者ジョゼフ＝ルイ・ラグランジュが解いた「ラグランジュのコマ」などがよく知られている。

そして、十九世紀末にソ連に生まれた美貌の天才数学者ソフィア・コワレフスカヤが「固定点をめぐる剛体の回転について」という論文の中で新たな解を発表し、「コワレフスカヤのコマ」として歴史に名をとどめている。

回転するコマが倒れない状況を表現するのは重心（物体の重さの中心）の位置である。

レオンハルト・オイラー
（1707-1783）

ジョゼフ＝ルイ・ラグランジュ
（1736-1813）

ソフィア・コワレフスカヤ
（1850-1891）

コマは静止すれば傾いて倒れてしまい、それに伴って重心は下がる。しかし回っている間は、重力が働いているにもかかわらず重心が高い位置にとどまるのである。

当然、回転卵の問題を考える上でもその重心の位置が問題になってくると思われた。おそらく卵が回転している間に、重心の位置が何らかの作用で上昇していくのである。その理由を突き止めなければならなかった。

コマ同様、卵の重心が上がっていくという仮説は、誰もが認める「エネルギー保存法則」を破っているように思える。重心が上がるということは、位置エネルギーが増えることになるからである。

だが、回転する卵に対しては摩擦が働くことを考えると、力学的エネルギーは減ることはあっても増えることはありえない。したがって、回転卵の運動はパラドックス（逆説）であり、予想の逆であるからこそ立ち上がる現象は劇的なのである。

しかし、少しでも力学を学んだ人ならそのからくりにすぐ気づくであろう。

力学的エネルギーは位置エネルギーと回転運動エネルギーとの和である。そしてエネルギー保存法則は、この力学的エネルギーが運動中一定であることを意味している。ということは、位置エネルギーが増えても回転運動エネルギーがその分減れば、エネルギー保存法則は成り立つのである。

けれども、どうしてそのようにエネルギーが分配されるのだろうか、その理由は明らかでなかった。卵が立ち上がる運動は大変不思議な現象なのである。

現代物理学の世界において、剛体力学や私の研究する流体力学は「古典力学」という分野に分類される。

現代物理学の花形である素粒子論や宇宙論を甘くて美味しいケーキに例えるとすれば、剛体力学や流体力学は噛んでいるうちに味の出るスルメのようなものかもしれない。

古典力学は身近な現象と関連する場合が多く、物事の仕組みがじわじわとわかる喜びを味わえる分野なのである。

剛体力学も流体力学も、物理学の根本であるニュートンの法則に従うという点では共通している。そして回転卵の問題を考える場合、ゆで卵なら剛体力学だが、生卵なら剛体力学と流体力学との両方に渡るテーマとなる。その点も私には興味深かったのである。

第二章

謎との格闘

共同研究開始

回転生卵のオープン・クエスチョンは難問であった。

生卵の問題に取りかかるにあたっては、より簡単であるはずのゆで卵の解を先に理解する必要がある。そこで、ゆで卵の問題を自分なりの方法で解いてみることにした。

まず、ゆで卵の形を「回転楕円体」と呼ばれる物体であると仮定した。回転楕円体とは、楕円をその対称軸のまわりに回転させて得られる形をもつ物体である。

そして、「線形安定性理論」とよばれる手法を用いて、回転楕円体の対称軸を水平にして回転している状態は「不安定」であることを、解析的に証明しようとしたのである。

ところが、何度計算してみても結果はいつも「安定」となった。回転楕円体はテーブルの上を「転がる」という仮定を、摩擦なしに「すべる」と変えても結果は同じであった。

この場合の安定と不安定という用語を説明するには、ボールが山頂にある状態と谷底にある状態を考えるとわかりやすい。山頂にあるボールは少し突いただけでも転がり落ちて行く。これは不安定な状態である。

一方、谷底にあるボールは多少風が吹いても揺れるだけでその場に留まっている。即ち、安定な状態である。つまり、同じように止まっている物体でも、状態によって安定な場合と不安定な場合があるのだ。

卵が立ち上がるというのは、水平回転が不安定な状態であることを意味する。それなのに、何度計算しても、安定であるという結論しか出ない。つまり、立ち上がることは永久にないはずなのだ。

何度も確認したので計算間違いはない自信があった。しかし実際に試すと回転ゆで卵は立つし、あのモファット教授が不安定と結論している以上、どこか本質的な間違いを私が犯しているに違いない。そう思いながら悶々とした日々をすごした。

○……………○……………○

モファット教授の講演からほぼ二ヶ月経過した五月十八日、一年前に亡くなったクライトン教授の追悼コンサートが開催された。クライトン教授はモファット教授の後を引き継いだＤＡＭＴＰの三代目学部長であった。

一九九九年にケンブリッジを訪れたとき、癌のため闘病中であったが、体調が回復している時期で幸運にも面会することができた。流体力学の分野の中で、特に「波」の研究で有名な学者であった。

このクライトン教授を偲ぶコンサートであり、またそこでバイオリンを奏でるのは大気科学者のマッキンタイア教授とのことで、彼と面識がある私は興味津々で聴きに行った。

コンサートの性格上、ケンブリッジ大学理工学関係の聴衆が多く、車椅子に乗った宇宙物理学者ホーキング教授の姿もあった。

バイオリン、チェロ、ピアノの三重奏は素晴らしいものだった。後でマッキンタイア教授に尋ねると、一時期はプロとして演奏していたとのこと。私は、英国エリートの奥深い教養に感嘆した。

さてそのコンサートの休憩時間に、やはり大気科学者のヘインズ教授とシャンペン片手に談笑していたところ、すぐ近くにモファット教授が別の一群の人と歓談しているのを目にした。

これは千載一遇の好機と思い、回転ゆで卵の安定性に関する私の結論をこの際話してみようと決心した。とりまきの人が多く、話しの途切れたタイミングを見て割り込むのに一苦労したが、なんとか会話する機会を得た。

単刀直入に本題を切り出すと、モファット教授は運動学的な条件に関する議論の後、「この問題を取り上げてくれてありがとう。これから私と一緒に研究しませんか」と提案した。私はもちろん同意し、後日電子メールを送ることを約束して別れた。

回転卵の問題は長年の謎である。関連した論文が百年ほど前に出版されているので第一章の題を「物理学百年の謎」としたが、現象自体は人類がゆで卵を食した頃から知られているかもしれない。

いずれにしても難問ながらやりがいのあるテーマであることは感じていた。加えて、あのモファット教授と共にこれから難問に取り組むことができるという喜びが心の底から湧き上ってきた。

翌日、さっそく電子メールを送り、初会合の日時を決めた。当時、モファット教授はアイザック・ニュートン数理科学研究所（略称ニュートン研究所）の所長であったので、私がそちらへ五月二十三日午前十一時に結果を持って出向くことになった。

ニュートン研究所には全世界から優秀な研究者が常時訪れており、ワイルズ教授が「フェルマーの問題が解けた」と初めて宣言した場所としても有名である。

かのモファット教授と議論できる。私は光栄に思い、喜びを感じるとともに少なからず緊張もした。

念のため、これまでの計算ノートを見直した。しかし間違いはやはり見つからず、回転楕円体が立たないという結論を変えることはできなかった。

卵が垂直に立って回転している場合その回転が速くないと倒れてしまう、という経験に合う結果は出る。

しかし卵を水平に回転させた肝心の場合の計算では、回転の速度にかかわらずその状態が安定に持続する。つまり、決して立ち上がることはないという、実際の現象とは異なる結論を出してしまうのだ。

計算ノートはほぼ一〇〇ページに達していた。立つという結論を得たモファット教授はどのような条件で計算したのであろうか。弘法にも筆の誤りというが、・・・。

私はあれこれと考えをめぐらせながら、約束の五月二十三日午前十一時少し前にニュートン研究所を訪れた。

ニュートン研究所

ニュートン研究所は一九九二年七月にオープンした数理科学の研究所である。私は一度訪れたことがあるので、だいたいの様子はわかっていた。かつてシルバーストリートにあった長い歴史のあるDAMTPとは趣を異にする、近代的設備を有した建物である。

玄関を入ってすぐに目に入るのはニュートンのデスマスクである。研究者たちがいつでも自由に議論できるように建物の中いたるところに黒板がある。トイレさえも例外でない。

受付嬢に名前を告げて、所長のモファット教授と面会の約束があることを伝えた。彼女は
「プロフェッサー、シモミューラ」

と確認して受付の奥に消えた。所長室は受付の奥からも入れるようだ。

所長室の扉をノックする音がして、私の名前を発音した声が聞こえた。戻ってきた彼女に所長室の前まで誘導され、

「こちらがモファット教授のお部屋です。今お電話中ですので、こちらでしばらくお待ち下さい。」

と言われるままソファーに腰掛けた。

しばらくすると所長室の扉が開いて、ひも付き眼鏡を首からぶらさげたモファット教授が現れた。

「やあ、ニュートン研究所へようこそ。さあどうぞ」

と私を部屋に招き入れた。私は緊張しながらモファット教授の後に従った。中は特に所長室という雰囲気ではなかったが、近代的な内装の、窓から日の差す明るい部屋であった。

モファット教授が

「ちょうどお茶の時間だ。私はコーヒーにするが、君はコーヒーか紅茶どちらにしますか」と聞くので、紅茶を所望した。

工学部でも一日二回、午前十一時と午後四時にお茶の時間があった。多くの人は軽食のとれる談話室に行き、ビスケット片手にコーヒーや紅茶を飲みながら会話したり新聞を読んだりする。

ちなみに、英国で午後十二時は午前中だという。日本と違って昼休みはたいてい午後一時からであり、午前九時に仕事を始め、午後六時に終えるとすると、二時間おきに休憩が入ることになる。

情報交換という意味でよい習慣なのかもしれないが、両方参加すると集中して仕事する時間が無くなってしまいそうに思えた。

さて、しばらくすると先ほどの受付嬢が、コーヒーと紅茶を三、四種類のビスケットとともに運んできた。

お互い少しお茶を口にした後、いよいよ本題に入った。私は持参した一〇〇ページの計算ノートを取り出した。

そして、計算主要部分を記したノートのコピーをモファット教授に手渡し、

「回転するゆで卵が立ち上がることは簡単に証明できるとのことでしたが、私の計算では立ち上がらないことが逆に証明されます。どこが間違っているのか教えていただければ

と思います」

と切り出した。

モファット教授は

「まず、二人の計算で仮定している条件が同じかどうか確かめよう」

と言う。

私は、ゆで卵のモデルとして中身が一様につまった回転楕円体を想定していることを伝えた。

この場合の回転楕円体は、楕円をその長軸のまわりに回転して得られる卵形のものでなければならない。短軸のまわりに回転してできるものは碁石のモデルとなる。

卵の形は回転楕円体から少しずれていて、とがった端とまるっこい端があるが、まずは数学的に単純なこの形を仮定するのが妥当であるように思えた。簡単なことから始めるのは物理の世界でも重要な定石である。

モファット教授もこの回転楕円体を対象にしているとのことだった。もちろん剛体と呼ばれる変形しない物体を想定している。つまり回転楕円剛体を対象としている点では両者の視点が一致したわけである。

物体の直進運動を考える際は、動きにくさを表す「質量」という量が重要であるが、回転運動の場合には回りにくさを表す量として「慣性モーメント」がある。

この量が結果に影響を及ぼすのであるが、回転楕円体がもつ慣性モーメントに対して二人が用いた表式も同じであり、この点も一致した。

次に確認したのは、卵とテーブルがいかなる状態で接触しているかを指定する接触条件である。モファット教授は「転がり条件」を考えていた。

転がり条件とは、回転する卵とテーブルの接触点が瞬間的にはすべらずに止まっていると仮定する条件である。写真撮影するとその接触点の像がぶれないはずである。

例えば、テーブルの上で円筒形の茶筒を転がした場合、おおむねこの条件が当てはまる。転がり条件を仮定すると、卵とテーブルの間に摩擦力は働くが、力学的エネルギーはその摩擦力によって減ることはない。

摩擦力による力学的エネルギーの減少率は摩擦力と接触点の水平移動する速さの積であるが、転がり条件の場合は摩擦力の働く接触点が瞬間的に止まっているのでその積が零となるからである。

それ以外に、もうひとつ別の簡単な接触条件が考えられる。「完全すべり条件」である。これは氷の上のように、テーブルの表面がツルツルで摩擦力が働かないという条件である。現実には摩擦力が零ということは有り得ないが、近似としてそのような状況を想定するのである。

接触点は瞬間的にテーブル上を水平移動する速さを有しているが、この場合は摩擦力がないので、力学的エネルギーは減少せずやはり一定に保たれる。

私は転がり条件と完全すべり条件両方の場合について計算していたが、卵はどちらの条件でも立たないという結論を得ていた。したがって、転がり条件を仮定した回転楕円体の回転運動という問題設定については、二人とも一致していたのに結論が違うことになる。

もちろん、ニュートン力学を適用するという点は二人とも共通している。

さらに、卵が立ち得ることを証明するのに用いた理論も両者同じで、線形安定性理論と呼ばれるものであった。これは、卵がテーブル上で回転している状態に微少な撹乱が生じた場合に、その撹乱が成長するか否かによってその状態の安定性を決定する理論である。撹乱が成長しなければ安定と結論するのだ。

二人の解析は、いったいどこが違うのだろうか。

私たちは解析の基礎としていたオイラー方程式に着目してみた。これは剛体の回転運動を記述する方程式で、ニュートンの運動方程式から導かれるものである。

お互いの式を詳細に検討しようとした際、やっと違いが現れた。このオイラー方程式を表す座標系が違っていたのである。

通常、剛体の回転状態を表すために、オイラー角と呼ばれる三つの角度、ϕ、θ、ψを用いる。その際、$\theta=0$で指定されるZ軸の方向が異なっていた。私は水平に、モファット教授は鉛直に、Z軸を置いていたのだ。

この種の計算をした事がない私は水平か鉛直かで悩んだのであるが、卵が立ち上がることを証明するには水平にとる方が適切だと思ってしまった。

さらに違う点があった。オイラー角、ϕ、θ、ψの時間微分はそれぞれ、歳差角速度、章動角速度、スピン角速度となるが、私は単純にそれらを独立変数としていた。

一方モファット教授は、最後のスピン角速度の替わりに全角速度の対称軸方向成分を独立変数としていた。モファット教授の座標系と独立変数を用いると、計算量が格段に減り見通しがよさそうだった。

「君の座標系はこの問題では適切でない」

とモファット教授が指摘した。

しかし、座標系の選び方や独立変数の取り方は決して結果を変えるものではない。例えて言うなら、物体の運動を立って見るか寝て見るかという違いであり、それによって物体の動き方は違って見えても、運動の本質が変わるわけではない。したがって、両者の結果は一致すべきものなのである。

精魂込めて計算した一〇〇ページのノートは無駄でない、と私は信じていた。しかしその日は、それ以上詳細を確認できなかった。

「共同研究ではそれぞれが独立に出した結果の一致を確認することが大切だ」

と言うモファット教授に、

「教授の使われた座標系と独立変数を用いて再計算してみます」

と私は答えた。

モファット教授は自分の計算ノートを探していたが、あいにく見つからなかった。そこで、例の数理科学センターの講演で提示した三枚のＯＨＰシートをコピーして私に手渡した。初めての会合はこうして終わったのである。

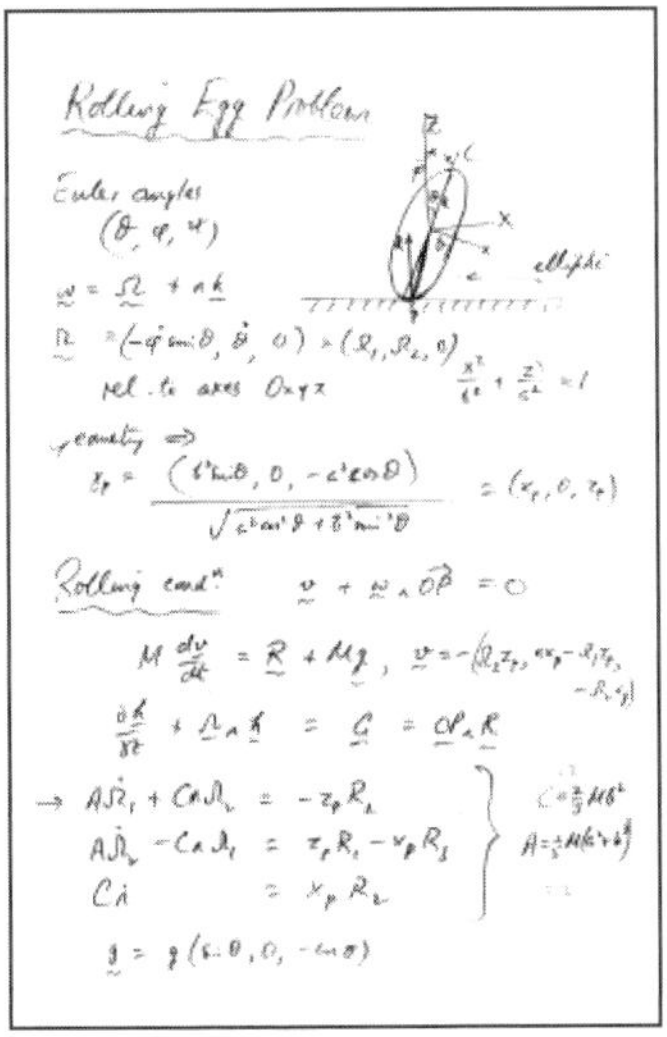

モファット教授のOHPシート
（1ページ目）

一〇〇ページの計算ノート

翌日、もらったコピーを手にとって途方に暮れた。手書きで無造作に表された記号や計算過程を一つ一つ追って行くのはほとんど不可能に思われ、一瞬気が遠くなってしまった。

しかしそんなことも言っていられないので、気をとりなおして読み進めているうちに、物体角速度の鉛直成分を表す式の中で、通常のものと違っている部分が目に留まった。さっそくメールで指摘すると、

「君は正しい。前回の議論で私も気づいた。次の水曜日はマンチェスターに出張するが、行き帰りの電車に乗る時間が八時間ある。その間に誤りを修正して計算してみる」

との返事だった。私も再計算を開始することにした。

本質的には前と同じ計算であったが、よりよい座標系と独立変数を用いたので計算が小気味よく進んだ。最初に転がり条件を課した場合を調べた。

何日かかけて二〇ページほどの計算をした後、前とまったく同じ結論が出た。回転楕円体はやはり立たないのである。

回転楕円体の安定性を決定する最終的な方程式は、振り子の運動を記述する方程式と同じ構造で、振り子のふれ幅が増えないのと同じように卵が寝たままであることを示していた。

その方程式は前に得たものと完全に一致したので、私は自信を深めた。しかしモファット教授の結論は、ある回転の速さ以上になると立ち上がる、という経験に合致するものであった。そのため、私の方に間違いがある疑念はぬぐいされなかった。

完全すべり条件でも計算してみたが、転がり条件と同様にやはり立たないという結論は変わらなかった。

さらに数値シミュレーションによっても検証したのであるが、私の結果は正しくエネルギーを一定に保つことも確認できた。そこで、電子メールでモファット教授にこの結果を伝えた。

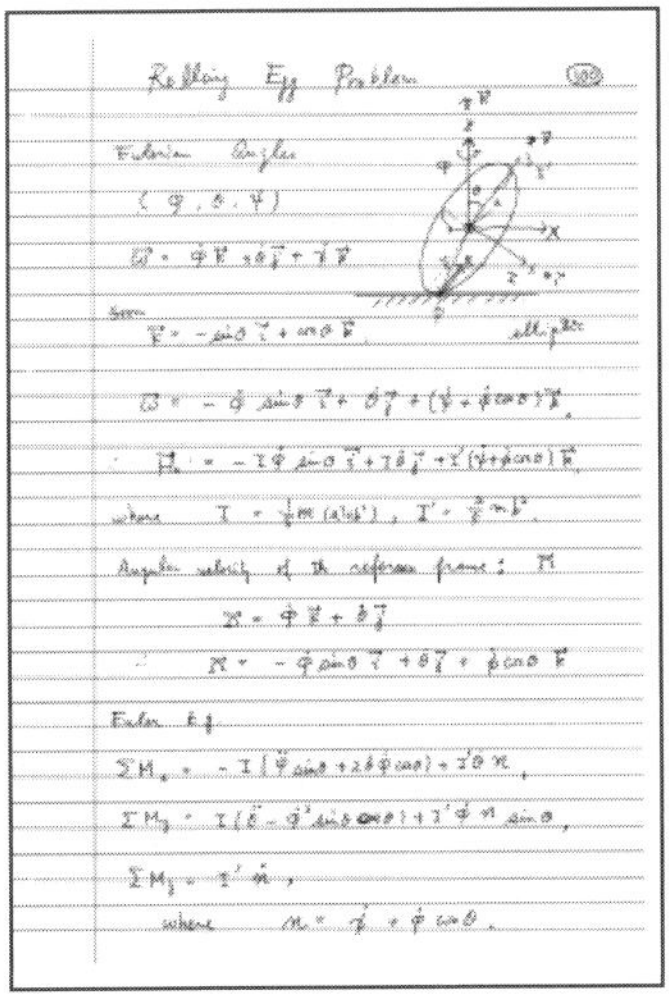

著者の計算ノート
(100ページ目)

すぐに返事が来て、

「間違いを修正して再計算したけれど、不安定になるという結果は同じである。さらに詳しく私たちの計算を比較しなければならない。来週から一週間イタリアへ出張するので少し間が空くが、次回の会合は六月十三日でよいだろうか」

とのことであった。

私は、計算間違いがないか探してみたが結局見つからず、心の晴れない日が続いた。その頃、ホプキンソン研究室のマストラコス博士と燃焼乱流のモデル化に関する議論を定期的に行っていたが、私の関心は卵の問題に向けられていた。

○・・・・・・・・○・・・・・・・・○

そしてモファット教授と再会する日がやってきた。新たに計算した四十ページほどのノートを持参し、六月十三日の午前十一時にニュートン研究所に向かった。今回は受付嬢も顔パスで通してくれる。扉をノックすると
「カムイン」
という声。
さっそく議論に入り、再計算の結果でもやはり立たないことを報告した。今度は同じ座

標系と独立変数を用いているので、双方の計算式は比較しやすい。

まず、転がり条件での計算式を二人で確認することになった。モファット教授はホワイトボードで計算を始めたが、メモを見ることもなくさらさらとマーカーで板書していく。その姿に私は見とれていた。

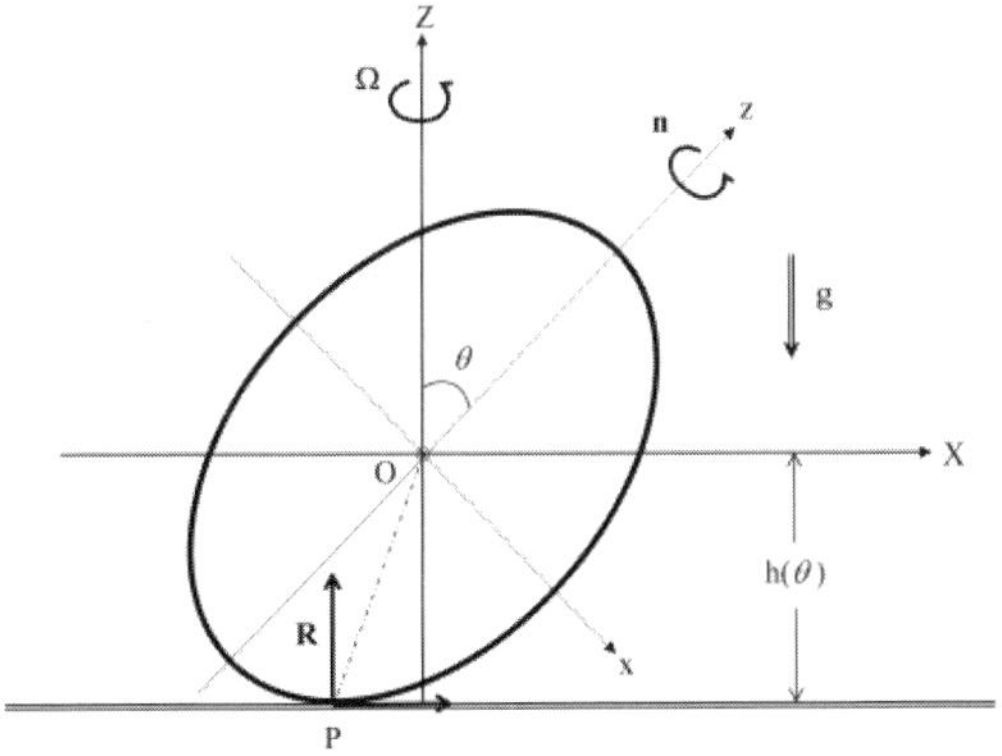

座標系と記号

O	：物体の重心
P	：テーブルと物体の接触点
θ	：対称軸が鉛直線と成す角度
$h(\theta)$	：テーブルから測った重心の高さ
R	：抗力
g	：重力加速度
Ω	：歳差角速度
n	：全角速度の対称軸成分

回転楕円体とテーブルの接触点に対する位置の表式は合っていた。しかし、モファット教授がオイラー方程式を書き下したとき、何かが違っているように感じた。私の表式中にある項がモファット教授のものになかったのである。

この点に関して私は自信があった。なぜなら文献で確認していたからである。そこでモファット教授の表式を検証してみた。

北半球で物体を投げると、地球が北極点から見て反時計回りに自転しているために、右に曲がって飛んでいくように観察される。これは、物体の運動方向に対して右向きに「コリオリ力」と呼ばれる見かけの力が働くからである。一般に、回転しながら運動を観察するとこの種の効果が現れる。

モファット教授はその効果を見落としていたのである。この点を指摘すると、モファット教授は少し考えてから
「君は正しい」

と言った。

しかし私の計算が正しいとすると、卵はやはり立たないことになる。現実には立つ場面を目撃しているのに、これはいったいどういうことなのだろうか。

この点疑問は残ったが、モファット教授が
「計算しなおして見る」

と言ったので、その日の会合は終わった。

正直なところ、かのモファット教授よりも私が正しかったという事実が嬉しかった。しかし、間違いを恐れず計算し、またその間違いを素直に認めるモファット教授の人間らしさに触れたように感じた。天才と呼ばれる人も同じ人間なのだという親近感を覚えたのである。日本人の高名な教授は先生と呼んでも違和感がないが、欧米人の場合は少し抵抗がある。私にとって彼もこれまでモファット教授であった。しかしこの日から、心の中で私は彼を「モファット先生」と呼ぶようになったのである。

精魂込めた一〇〇ページにのぼる最初の計算ノートは、その時点でセンスが悪い計算記録となり、実際には無用の長物となった。しかしモファット先生との出会いに導いてくれたそのノートを私は捨てることができず、実はいまだに保管している。

立たない卵

その頃、回転ゆで卵の起立現象に関する論文をインターネットで検索してみたが、一件も見つからなかった。そこで、モファット先生との会合まで一週間、卵とテーブルの新たな接触条件を検討することにした。それは、不完全すべり条件である。

完全すべり条件は摩擦力が完全にないとするが、こちらは物体とテーブルとの接触点がすべりながら摩擦力を受けるという状況を仮定する。

具体例を挙げるとすれば、野球で走ってきた選手がホームベースにすべり込む瞬間を思い浮かべていただきたい。

物体（選手）は摩擦力を受けながらすべるので、力学的エネルギーは運動とともに減少し、やがては静止してしまう。この点こそ、力学的エネルギーが常に一定である転がり条件や完全すべり条件の場合と本質的に異なる特徴である。

戸田盛和先生の著書、『コマの科学』や『おもちゃの科学』にも摩擦が重要であると指摘されていた覚えがあった。しかし記憶が定かでなかったので、日本にいる同僚の小林君にそれらの文献を探してもらった。

彼はすぐに両方の本を私の書棚から見つけ、「逆立ちゴマ」との関連で書かれた部分をスキャナーで読み込み、添付ファイルとして電子メールで送ってくれた。

逆立ちゴマとは、「球面を四分の一ぐらいで切って、そこに短い軸（つまみ）をつけた形をしている。回転していないときはまるい部分を下にして立っているが、早い回転を与えるとたちまち逆立ちして、軸の上で回る」（『コマの科学』、戸田盛和著、岩波新書、1980）コマである。

さっそく読んでみると、見覚えのある懐かしい図が目に飛び込んできた。しかし、そこには「摩擦力が重要である」と書かれているのみで、エネルギーが散逸することが重要であるとは記されていなかった。

卵が立つ定性的な説明はされていたのであるが、それならばこれまで計算した方法でも定量的に証明できるはずであった。

また、『おもちゃの科学』には今井功先生の記事が引用されていた。それは日本物理学会誌に掲載された逆立ちゴマの解説記事であり、その中の一節に「ゆで卵の力学」があるという。

そこでこの記事も入手してくれるよう再度小林君に依頼した。こちらは古くて入手するのに時間がかかり、後日他の郵便と一緒に郵送してくれることになった。

逆立ちゴマ

戸田先生の記事からは、「不完全すべり条件」が本質的な条件なのかどうか不明であったが、一度試してみる価値がありそうだった。不完全すべり条件の場合、物体と面との接触部分が動くことに加えて摩擦力も働くため、計算がより複雑になる。

そして、摩擦力を表現する法則が必要となる。一般的にはいわゆるクーロン摩擦が経験的に成り立つとされているので、その摩擦力を組み入れて計算を始めた。

クーロン摩擦とは乾性摩擦とも呼ばれ、卵を回転させる面が乾いている状態のときに生じる摩擦力である。摩擦力は物体が面を押している力の大きさに比例し、卵が面をすべるスピードとは無関係になる。

ちなみに、水や油などの液体上で回転する場合には、卵のすべるスピードが大きくなると大きな摩擦力を生じる（これは粘性摩擦と呼ばれる）。

同じような計算を何度も行うのに苦痛を感じ始めたが、戸田先生の指摘どおり、立つという結果が出るのではないかと期待してペンを走らせた。かなり計算した後、いよいよ安定性の方程式を導き出す段階までこぎつけた。

そのとき、クーロン摩擦に関して大きな問題に直面した。この摩擦力を表現する数式は、物体とテーブルの接触点が止まっている場合と動いている場合とで不連続になり、止まっている状態の場合には数式が当てはまらないのだ。

古典力学の法則である以上、連続する数式が成り立つはずなのだが、それを新たに発見することは難しく、既存の式が間違っているという確証もなかった。そのため残念ながら結論が出なかった。

そこで、不完全すべり条件の下で回転楕円体の数値シミュレーションを行ってみた。しかしこの場合も回転楕円体は立ち上がらない。プログラムを確認したが、間違いは発見できなかった。

その時点では私は万策尽きたと思った。考え得るケースはすべて計算したつもりだったが、どれも卵が立つ結論を導かなかったからである。

だが、現実にゆで卵を回せば間違いなく立ちあがる。それなのに、なぜ数式で証明できないのだろうか……。

卵の形

あっという間に一週間が過ぎて、モファット先生と約束した会合の日がやってきた。

これといった結果のない私は、ニュートン研の所長室で、戸田先生の記事を紹介し、また今井先生による記事もあることを伝えた。

モファット先生は両先生を知っていたが、その記事に関しては少し驚いたようであった。特に今井先生は同じ分野の研究者であったので、部屋の書棚には今井先生の名著『流体力学』の英訳本もあった。

私は、

「インターネットで私が調べた限りでは、卵の起立現象を扱った論文は見当たりませんでした。ただ、戸田先生や今井先生も考えられたとのことですので、誰かがすでに説明している可能性はあると思います。どこまで解析されているのかわからないのですが、摩擦が重要で逆立ちゴマと関連が深いようです」

と言った。

そのとき、逆立ちゴマを表現する単語を知らず、説明するのに一苦労した。

モファット先生もその単語は初耳だったようである。英語でティッペトップと呼ばれることが後にわかる。モファット先生は、今井先生に聞いてみてはどうかと私を促した。

確かに今井先生は私の師匠の師匠にあたり、現役引退後も日本の学会で見かけていた。しかしご無沙汰しすぎている上、また英国からわざわざ問い合わせるのも気が引けた。そこで、同僚が送ってくれることになっている今井先生の記事をとりあえず待つことにした。

次に私は、摩擦が働くもう一つの条件である不完全すべり条件で計算したことを報告した。そして、クーロン摩擦の場合はうまく解析できない困難も伝えた。

モファット先生は私の説明が不十分だったのか、ピンとこない様子であった。いずれにしてもお手上げだった。私たちはしばらく沈黙し、それぞれ他の可能性を考え続けた。

「やはり形が重要なのでしょうか? 実際の卵は形が回転楕円体からずれていて、とがった端とまるっこい端があります。その非対称性が本質的な問題なのかもしれませんね。その効果を入れて計算してみましょうか。でも、その前に卵の形はどのような数式で表現できるのでしょう?」

私がふと思いついてそう言うと、モファット先生はホワイトボードにすらすらと式を書き出した。

卵の形に関しては、「カッシーニの卵形曲線」などいくつかの論文が書かれているが、このとき私はなぜこのような表式が出てきたのか、よくわからなかった。

しかし、その式の表す簡単な場合をあたってみると、卵の形を表していそうだった。モファット先生は流体力学の研究でかつてこの種の表式を扱ったようで、コンピュータでこの曲線を描いてみるとよいと言う。私は感心して式を手帳の余白に写し、

「では卵形の計算をします」

と答えた。

○………○………○

この頃オーチャードで野外演劇が催された。

オーチャードは、お茶を飲んでくつろげる果樹園であり、バイロンやラッセルが住んでいたグランチェスターというケンブリッジ郊外の村にある。

グランチェスターは人気の村で、ケンブリッジの街からサイクリングで行けるよき田舎である。パントと呼ばれる平底のボートでケム川を上っても行けるので、夏は川に飛び込んだり川辺でバーベキューをしたりするグループを見かける。

果樹園で鳥のさえずりを聞きながら、サンドウィッチの昼食もよし、またスコーンやケーキ付きのアフタヌーンティーも贅沢な時間の過ごし方である。

今回の劇は有名な『不思議の国のアリス』であり、子供たちも楽しめそうだった。

作者のルイス・キャロルはオックスフォード大学で数学を教えていたという。旅行したときに彼の所属していたクライストチャーチというコレッジを見学して以来、原書で読もうと思っていた。

私は早めに研究を切り上げて帰宅し、軽い夕食をとった後に娘たちと車でオーチャードに向かった。徐々に人が増えてきて、上演時刻の頃にはほぼ満席となった。

夕闇せまる中、劇が始まった。出演者は五人ほどだったが、劇は客席とのやりとりもいとわない楽しいものであった。

回転卵の謎と格闘中の私は、アリス同様、不思議の国に迷い込んでいた。

サファリパークの卵

会合後の手始めに、手帳に写した卵形を表現する式を検討してみることにした。コンピュータで描いてみると、確かに卵形に近い曲線が描ける。

そこでこの式の由来を考えてみた結果、数学的には「動径の球面調和関数による展開」を利用したものであることがわかった。滑らかな卵形曲線を表す実にうまい方法だったのである。

卵形を表現するこの見事な式を基礎に解析を進めることにした。初めにその式をもとに慣性モーメントや重心の位置を計算し、その後、卵とテーブルの接触点の座標を与える方程式を導き出した。

得られた結果を確認しようとしたとき問題が生じた。卵形を表現しているこの式は、回転楕円体を表現することができないのである。これは困った事態であった。

というのは、卵形の場合の結果が得られたとしても、これまで基礎としてきた回転楕円体の多くの結果と比較できないからである。

特殊な場合として回転楕円体を含めば、その場合これまで得られた結果と一致するはずであり、それを確認することで卵形一般の結果も信頼性が増すのだ。

では、回転楕円体を特殊な場合として含む卵形の表式はどういうものなのか。これは前

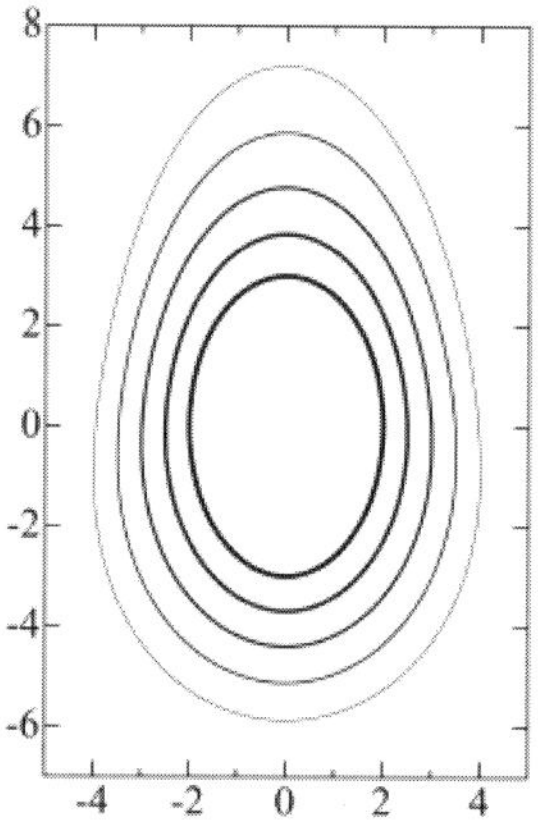

楕円を含む卵形曲線

の表式からの類推ですぐに思いついた。

念のため、その式が表す曲線をコンピュータで図示してみると、これもきれいな卵形となった。こうして、ようやく卵形を表現する式が確定したのである。

○……○……○

「魔法のコマ」と題して日本物理学会誌に掲載された今井先生の記事が、私のもとに届いた。「魔法のコマ」とは逆立ちゴマのことであり、ざっと目をとおした。

記事の結びに

「最後に、ゆで卵の力学についてはどうであろうか。真直に立った回転の安定性については魔法のコマの理論がそのままあてはまる。しかし、横倒しの状態から次第に立ち上がる機構については未解決といわなければならない。横倒しの状態では卵は回転軸のまわりに軸対称をもつとはいえないからである」(「魔法のコマ」、今井功著、日本物理学会誌8、日本物理学会、1953)とあった。

やはりゆで卵は解けていないのだろうか。

私は、立ち上がる理由がまだ解明されていないと信じ、卵形の物体の安定性を調べる解析計算を再開した。

まず、卵が垂直に立って回っている場合は、回転速度が速ければ安定という結果が出た。これはわれわれの経験と一致する。立って回っている卵は回転が速ければ倒れない、というのは誰しも納得できる話であろう。

ところが、卵が水平に回っている肝心の場合に関しては安定という、これまでと同じ結論が出てしまった。つまり、静止するまでずっと水平な状態で回り続け、絶対に立ち上がらないのだ。

この結論には別の物証もあった。一週間ほど前に、長男が通っている保育園の遠足で、ウォッボーンサファリパークに付き添ったのだが、そこの売店でゴム製の卵を見つけたのである。

形は実際の卵形より少しずんぐりしていた。なぜそこにおいてあったのかはわからないが、一つ買い求めて家に持ち帰った。

台所にある滑らかなテーブルの上で、ゴム製卵を何度も回してみた。かなり勢いをつけて回してみるとはずみで立ち上がりかけることもあったが、ゆで卵が立つ程度の比較的小さい回転速度では決して立たなかった。

ゴムは摩擦抵抗が大きいので、今回計算で仮定した転がり条件が成り立つであろう。したがって、この実験は私の得た理論的結論——回転卵は起立しない——を支持しているように思えた。

では完全すべり条件ではどうなるのか?これまでの経験からは、おそらく安定という否定的な結果が予想された。

果たしてこの回転卵の問題を解明することができるのだろうか……。このときは、まさに暗闇の中を手探りで進んでいるような心細さを覚えていた。

転がり条件における卵形物体の計算結果を携えて、次回の会合に臨むことにした。捨てられなかった百ページを含む計算ノートの通し番号は、その時点でほぼ二百ページとなっていた。

最後の可能性

七月、新緑の中、ニュートン研にモファット先生を訪ねた。私はいつもの快活な笑顔で迎えられた。転がり条件での卵形物体に対する計算を説明し、やはり立たなかったことを報告した。ゴム製卵のことも忘れず伝えた。

モファット先生は

「ゴム製の卵が立たないのは、転がり条件のためではなく、剛体として扱えないからである」

という見解であった。

そのときふと、卵には空気室のあることが頭に浮かんだ。戸田先生の著書である『おもちゃの科学』に、「ゆで卵の力学」が引用されているのを思い出したのである。今井先生による例の記事の一節だが、正確な記述は覚えていなかった。しかし「回転中は重心の高い姿勢が安定である」という仮説が成り立ち、その論拠として、ゆで卵がまるっこい端を下にしてまわる事実が取り上げられていたはずである。

参考のため、その部分を正確に引用しておこう。

「ちょうどその頃阪大の伏見教授が見えて、話が魔法のコマのことになった。筆者が〝ゆで卵〟説を提唱すると、教授は〝それでは卵のまるい端が下になるか、とがった方が下になるか？〟という尋問である。〝もちろん、とがったほうが下になる。まるい方が下になるのよりも重心の位置が高くなるから回転中はその方が安定だ。〃筆者は学生時代に科学博物館で見た回転磁場の中で鉄製の卵がとがった端を下にして回転する情景をおもい浮かべながら答えた。驚いたことには、伏見教授は〃ゆで卵はまるい方が下になって回転する〃と主張される。しかもそれは実験的に確かめた結果であるといわれるのである。ゆで卵と鉄の卵とで実験結果が違うのはなぜであろう。筆者の疑問に対して教授は至極明快に説明を与えられた。すなわち〃ゆで卵はまるい方の端に空所があるから、それが下になる方が重心の位置が高いのだ……。〃」（『おもちゃの科学』、戸田盛和著、日本評論社、1995）

重心の位置が形の中心点からずれているという卵形の特徴はすでに気づいていたが、改めてそれが重要な意味を持ちそうだった。

そして、「回転中は重心の高い姿勢が安定である」という仮説は、行き詰まっていた私にとって魅力的だった。モファット先生にこの話をすると、その仮説に同意した。

私が、

「重心が形の中心からずれた回転楕円体として計算することが唯一残された可能性かもしれませんね」

と言うと

「やってみる価値はありそうだ」

と勧める。私はその最後の可能性に賭けることにした。

その夜帰宅してから、何個かゆで卵を作って回してみると見事にすべて立つ。どうして、これが理論的に説明できないのだろう? 苛立ち悩んだものの、簡単に確かめられる事実が厳然とある以上、理論に何か欠陥があるはずだった。

私はこの事実のおかげで、長い解析計算に耐えられたのである。もし立つか立たないかわからない現象なら、立たないと結論してとっくに研究を終えていたことであろう。

物理学は論証科学であるとともに実証科学でもあるべきだ、ということを痛切に実感じた夜であった。

ゆっくり回すと立ち上がる?

翌日から、重心が形の中心からずれた回転楕円体を対象として計算を始めた。初めは、卵の空気室のような中空の部分を内部構造に含む回転楕円体を考え、重心の位置や慣性モーメントを計算した。

その結果かなり複雑な表式を得たのだが、よく考えてみると重心の内部構造の詳細は運動を考える上で直接関係がない。力学的には重心の位置と慣性モーメントのみが重要なのであった。

そこで卵の内部構造は無視することにして、重心が形の中心からずれている物体の運動を一般的に計算することにした。この場合も卵形を解析したときと同じように転がることを前提とした。

重心がずれていることで多少は計算過程に変化が見られたが、もう同じような計算を何度もしていたためその時点でかなり消耗していた。しかし、立つかもしれないという希望を胸に、転がり条件の計算をなんとか進めた。

そして数十ページの計算の後、ついに水平回転の安定性を決める方程式を得た。その方程式は、やはり振り子の運動を表現するものと同型であった。

ところが、その振動数を表わす式は複雑で、場合によっては虚数になる可能性があった。振動数が虚数であることは不安定を意味する。

そこで簡単な特殊例で結果を見てみることにした。回転楕円体形の殻をもち、中心点を含む軸上の二点にのみ錘がある場合をあたってみた。

すると、回転楕円体形の形や錘のある二点間の距離を適当に選ぶと不安定になることが判明した。

しかし一つ問題があった。不安定になる、すなわち立ち上がるのは、回転速度がある値より小さい場合であるという結果になったのである。

これは実際の経験に合わない。卵をゆっくり回すと、現実には立ち上がらないことは自明の理である。

ようく得た不安定性は、卵の立ち上がりとは異なる現象と判断せざるを得ない。やはりまだ、計算に何か本質的な要素が欠けていることは明白であった。

第三章

英国と日本

英国と日本の初等教育

私が英国ケンブリッジに留学したのはわずか二年間だったが、さまざまな場面で日本と英国の違いを感じた。

日本人として改めて日本の良さを感じたこともあったが、これらの違いはそれぞれの歴史や風土、そして民族性などによって徐々に形成されてきたものであるから、単純に比較することに無理があるとは思う。

しかし、日本がさらに発展して行くために、自国の現状を確認して足りない部分を他国に学ぶ態度も必要であろう。

期間も地域も限られた個人的な経験に基づく私見に過ぎないが、ケンブリッジでの留学生活で感じた日英の教育や日常生活における差異を思いつくままに記してみたい。そのため、記憶に多少誤りがあるかもしれないがご容赦願いたい。

留学してまず直面したのが、子供たちの学校問題であった。学区制と聞き安心して渡英したのであるが、実際に小学校に行ってみると当惑した。

次女の学年は空きがあったのだが、長女の学年は定員一杯ですぐには入学できないという。そこで名前を順番待ちのリストに載せ、プレイスキームと呼ばれる課外活動に参加させたりして席が空くのを待った。

そして留学後二ヶ月ほどたった頃ようやく入学許可がおり、二人揃ってケンブリッジの公立小学校に通えることになったのである。

「公立」というと「パブリック」という訳語が結びつくが、公立小学校はいわゆる英国のパブリックスクールでない。

ハーローやイートンに代表されるパブリックスクールは、真のジェントルマンを育成する伝統の私立学校と言われるが、そこに在籍しているのはごく少数だ。ここで紹介するのは、より一般的な公立小学校の様子である。

まず驚いたのは、クラスの部屋がとても自由な雰囲気で、子供ごとに決められた特定の机や席はないことだ。先生を囲んで丸く輪になり、あぐらをかいて座っている様子が印象的であった。教科書や文具などは共同で使い、家には持ち帰らない。「シェア（共有）」という言葉は日常語である。

単元は学期ごとに、あるいは一年を通して特定されている。例えば、その年度ギリシアについて学ぶとしよう。歴史や地理でその時代や地域について勉強することはもちろん、図工の時間にギリシア建築様式の模型を作ったり、その当時の衣装を着てドラマを演じたりすることもある。

いわば子供たちが主体となって作ってゆく授業である。単元学習の中で子供たちの個性や独自性を引き出し、よいところを褒めて伸ばす教育であった。創造的である一方、知識の量や緻密性には欠けるかもしれない。

学校の授業で教科書を用いる方式は、既成の事実を覚えたり確立されたものを修得したりする上では、おそらく効率のよい方法であろう。特に、理屈なしに覚える読み書き算盤には効果的である。

とりわけ日本の子供は、アルファベットよりずっと数の多い複雑な漢字を覚える必要がある。そしてその修得にはかなりの時間がかかり、漢字を覚えるまでは一般書が読めない状況が続く。

大変忍耐を要する学習であるが、この漢字によって日本人の思考や情緒が形成され文化が守られているわけだから、ゆずれない大切な教育である。

しかし教科書のみを用いた授業では、物事の意味を自分なりに把握して、新たな問題意識を生むまで発展させることにつながりにくい。

教科書に載っている事は、真実としても巨大な氷山の一角にすぎないのであるが、それがすべてであるような印象をもたせてしまう。そうなると批判的に考える能力が養われず、教科書に載っていない事実を考えようという気にならない。

中にはほとんど全容が解明されている事もある。その場合、それがどのような苦労の結果いかにして発見されたかという過程を具体的に伝えれば、興味をそそるのみならず解明されていなかった状況にまで立ち返って、さらなる疑問を呈する子供が出てくるかもしれない。

基礎学力をつけながらも、最初から事実を伝えるのでなく、興味を持って自ら再発見できるような教育ができれば理想的である。

そのためには、質問や議論が自由にできる対話型の授業が欠かせない。教科書に書いてある定説を堂々と覆すような、ある意味での気楽さが必要なのである。後述するモファット先生の学問に向かう姿勢は、このような教育の賜物なのであろう。

○・・・・・・・○・・・・・・・○

六月頃、日本で言う運動会があった。しかし、中身はかなり異なっていた。

日本の運動会というと、赤組や白組といった色別のグループに分かれて競う形態が多いようである。一方、英国では基本的に競争ではなく、走ることや運動を楽しむスポーツデイと呼ばれる、少しもの足りないような行事であった。

全力疾走できない子供たちがいることに驚いたが、子どもはもちろん、その様子を見ている母親も

「うちの子はスポーツが苦手なのよ」

と、まるで意に介さないのである。

白熱した空気、にぎやかな応援、あるいは皆で食べるお弁当の時間も無く、ただのんびりとした一日であった。

学校外の課外教育もしかりである。

日本では近年、かなりの子供が地域のスイミングスクールに通っている。そこでは、まず水と遊んで恐怖感を無くし、次にバタ足を練習して、クロール、背泳、平泳ぎ、そしてバタフライ等々と、標準的な泳法が形から段階的に教えられる。研究された無駄のない教授法である。

これと比べると、ケンブリッジのスイミングスクールは違っていた。まったく泳げない子供でも、コーチがちょっと見本を見せるだけで、いきなり泳がせるのである。

無理強いすることはないが、日本のように手取り足取り一律に教えない。むしろ何も教えないという印象すらあった。

ところが驚くべきことに、最初はもがいている子供たちも、何回かレッスンを重ねるだけでなんとか泳げるようになってしまう。

泳ぎ方はぎこちない子供が多いが、無駄を繰り返し、楽しみながら上達していくのである。

同じ年齢なら、日本の子供の方がずっと上手に泳ぐだろう。実際、日本の競泳選手は世界的記録を出している。

しかし、プールで泳ぎを学んだ子供たちが初めて海に連れて行かれたとしたら、どうだろうか。未知の大海には波もあるし、浮力もプールより大きい。プールで上手に泳げても海では通用しないかもしれない。

そんな状況では、いち速く独自の泳法を見つけることが大事である。習っていなくても、海に適応する能力が必要なのである。

本来このような力は、誰にでも備わっているはずであるが、いつの日からかこの芽が摘まれているように思える。

基本を学ぶことは重要である。しかしその基本にのっかるだけではない、創造的な部分の余地を残したい。

日本においては、漢字を覚えるような教育法が他の学習に波及しているのかもしれない。少なくとも私の専門とする科学において、その状況は否めない。科学を欧米から輸入した経緯を考えれば、いたしかたないことかもしれない。

輸入したものは、その時点ででき上がっていたものであり、迅速にそれを吸収するには体系的に形を学ぶのが有効であるからだ。だからこそ、日本は技術大国になれたのであろう。

しかし、完成された形の意味を考えなければまさに形骸化してしまう。そして、零を一にすることと、一を二にすることの意味や価値は違うのだ。零の定義は難しいが、無から有を生み出すような能力も重要である。

前人未踏の領域を自ら切り開き独自に新たな世界を創造する気力と能力、これらを育む教育が望まれる。

身近な自然を楽しむ感性

日常生活でも日英の違いは多い。日本では、子供を送り出すときなど合言葉のように

「がんばって」

と言う。ところが英国ではこのたぐいの言葉を耳にしたことがない。そのような場面では、

"Have a lovely time"

や

"Enjoy yourself"

と言う。

「楽しんで」

という気持ちが込められている。

回転卵の論文が『ネイチャー』に掲載されることが決まった後、カント博士に挨拶に行ったときのことである。私は、これまでの協力に対する感謝を伝えるとともに、工学と関係のない研究に没頭していたことを詫びるつもりであった。

「燃焼乱流の研究に貢献できなくて申し訳ありませんでした」

と私が言うと

「楽しみましたか」

と聞く。

「はい、とても」

と素直に答えると

「それが最も重要です」

と微笑んだ。

「楽しむ」ことに価値を置く考えは、個の尊重から生まれるのだろう。単なる利己主義の所産ではないはずである。

実際、英国では、横断歩道を渡ろうとする足の不自由な老人がいれば、たいがいの車はいつまでもその人が渡りきるまで待っている。また、ドアホールドという習慣があり、自分の次に入ってくる人に気づけば、その人が来るまでドアを開けて待っている。

これらの他者を思いやる行為は、自己の個のみならず他者の個を尊重した結果であろう。

一方、日本では個よりも他者との和を大切にしてきたように思える。日本古来の剣道では、勝負に勝ってもその喜びをあらわにしてはいけないという。敗者あっての勝者である事実に感謝し、淡々と礼を尽くす。そして、敗者を気遣い、勝者の歓喜を大げさに表現しないのだ。

このような謙虚さと、他者、特に弱者への思いやりが、日本人の美しい精神であり、他者との和を重んずる結果生まれたものであろう。

個人の幸福と他者との和。両者はしばしば相容れないが、どちらを優先させるかによって日英の違いが生じるのかもしれない。

しかし日本でも近年は個の尊重が強調されている。確かに日本の若い世代は、国という集団意識が希薄で、自分の楽しみを大事にしているように見える。

けれども彼らは本当の意味で人生を楽しんでいると言えるのであろうか。その場限りの刹那的な楽しみにのみ満足してはいないだろうか。

近年、コンピュータゲームにのめり込む子供や若者が増えているが、日常では簡単に経験できない冒険仕立ての仮想現実（バーチャルリアリティー）が魔力のように子供を魅了し、貴重な時間を奪いとっている。

その悪影響は様々に指摘されているものの、この魔力の危険性に対する認識は私もまだ十分ではない。

しかし、自然科学者として言えるのは、コンピュータゲームは所詮人間が作ったもので、その枠組みを越えられない底の浅い仮想（バーチャル）であるという事実だ。

そしてゲームをする人間もその枠組みから抜け出られなくなってしまう。瞬時に反応してキーやボタンを押すので反射的に行動しがちになる。その結果じっくり考える態度が失われることが危惧される。

それと比べ、自然は人間が予想できない秘密をベールに包み隠している。まさに「事実は小説より奇なり」なのだ。バーチャルでない現実（リアリティー）の探究こそ、ロマンに満ちた冒険である。

とはいうものの、自然科学者でないとなかなかその冒険を楽しめない時代になった。科学者でさえ、自分の専門領域以外は手を出せなくなってきている。現代科学が細分化し、同時に巨大化したためである。

確かに物質の究極が何でできているかには誰しも興味がある。しかし、その最新理論を理解するには相当な勉強を強いられる。また、それを実証研究する加速器を建設するには、国家予算で賄い切れないほどの莫大な費用が必要となる。

立ち上がる回転卵が物理学者でない人々の興味をひくのは、このように細分化されて巨大化した科学テーマでないからであろう。何しろ、台所で誰もが確かめられる現象なのである。

身近で素朴な現象の中には、まだまだ解明されていないものが案外多い。また専門家以外の人が発見できる可能性がある。

英国では毎年三月に全国科学週間が設けられている。子供から大人まで皆が科学に親しむために、ケンブリッジでもさまざまな行事が行われる。子供の通う小学校からも科学実験の宿題が出たのだが、台所にある材料でできるとても面白い実験であったので紹介しよう。

料理で使うコーンスターチは英国ではコーンフローと呼ばれるが、まずこれを用意する。次にコーンスターチをボールに入れ、ひたひたになるくらいの水を加える。これだけで実験準備完了である。

さて、水と混ざったコーンスターチの溶液に人差し指をゆっくり差し込んでいただきたい。この場合、指は沈んで行き溶液は液体であるように感じる。これは予想通りである。次に、人差し指を素早く突き刺して見よう。この場合、指はほとんど溶液の中に入らない。液体が固体になったような触覚なのだ。

つまり、同じものでも状態の変化のさせ方によって、液体のようになったり固体のようになったりするのである。簡単にできる手品のようだ。

ＢＢＣのテレビ番組でも、水遊び用のプールにこのコーンスターチ溶液を満たし、台からそのプールに飛び降りる実験を放送していた。飛び降りた瞬間は、硬い地面に着地するのだが、その後じわじわと沈んで行くのである。

どうしてこのようなことが起きるのだろうか。

急激に状態が変わると、ばらばらのコーンスターチ粒子がすべて同じ力を受けて一体となるので、硬い固体のような構造をとる。

一方、ゆっくり状態が変わると、それぞれの粒がその状態に合うように熱振動によって調整するため、液体のように振舞うのである。

人間の集団も同様の性質を示すことがあるが、私の専門分野ではこのような物質を「非ニュートン流体」と呼ぶ。当然、私にもその知識はあった。

しかしそれは教科書で読んで、あるいは講義で聞いて知っていただけである。本物の非ニュートン流体に直接触れて実感したのはこれが初めてだった。こんな簡単な材料で非ニュートン流体が作れることに感動した。

もう一つ卑近な例を挙げると、浴槽の水を抜くときの面白い現象だ。子供がいたずらしたのか、残り湯の底にゴルフボールが沈んでおり、浴槽の栓を抜くとボールは排水口に向かって渦巻きながら吸い込まれて行った。びっくりしたのはその後の現象である。

ゴルフボールは、排水口でゴーゴーと音を立てながら回転するのだ。水が完全に抜け切る直前まで轟音が聞こえる。

おそらく、水とゴルフボールが互いに影響を及ぼしあうことが回転を持続させる機構であろう。しかしまだ完全には解明されていない現象である。

この現象に気づいたのは私の家族であるが、似たような面白い現象は身の回りで起きているはずだ。

科学者だけが新たな自然現象を見出すわけではない。身近な自然を楽しむ感性は誰もが持ちあわせている。その感性を働かせれば、自然はいつでもそのベールを取ってくれるのである。

第四章 啐啄《そったく》

啐啄……

雛（ひな）がかえろうとするとき、雛が内からつつくのを「啐」、母鳥が外からつつくのを「啄」という。この他に次のような意味を持つ。

（1）禅において、師家と修行者との呼吸がぴったり合うこと。機が熟して弟子が悟りを開こうとしているときにいう。

（2）得難いよい時機。

三省堂提供「大辞林 第二版」より

ついに立ち始めた卵

もう一度、今までに入手したあらゆる文献を丹念に読み直してみることにした。戸田先生の記事によれば、逆立ちゴマが逆立ちするためにはすべり摩擦が不可欠であるらしい。つまり不完全すべり条件である。

逆立ちゴマと関係するゆで卵の場合もおそらくこの条件が重要であろう。だから回転楕円体に対してすでに検討していたのである。

しかし、クーロン摩擦と線形安定性解析は両立しないことがわかったことに加え、数値シミュレーションの結果も否定的であった。このために不完全すべり条件はあきらめたのである。

その場合、重心の位置は回転楕円体の中心にあった。ところが逆立ちゴマでは重心がずれているのである。

ひょっとすると回転楕円体が立つためには、重心がずれているという条件に加えて、不完全すべり条件を調べる必要があるのではないだろうか。

それこそが本当に残された唯一の可能性として検討に値する、と私は考えた。そこで、不完全すべり条件での重心がずれた回転楕円体について調べることにしたのである。

同じような計算をすることにかなり疲れ果てていたが、これが最後であると自分自身を励まし、翌日から机に向かった。

かなり長い計算の後、二日ほどで運動を支配する方程式を得た。この場合もクーロン摩擦を用いていたため、線形不安定性理論は適用できなかった。

しかし、数値計算なら可能であると思われたので、不完全すべり条件における重心のずれた回転楕円体の数値シミュレーション用プログラムを研究室で作り、間違いがないか確認した。

そしていよいよ実行である。適当な状況を設定して、プログラムを走らせた。数秒で計算は終わった。

その後グラフィックソフトを使って、対称軸が鉛直方向から傾く角度の時間変化を描いてみた。

初期に対称軸は水平とし、角度が九十度であるとしていた。時間が経過しても角度は九十度のままでほとんど変化せず、グラフは時間軸に平行な直線となった。つまり卵は横になったままである。

「やはりダメなのか」

と落胆した。ところがよく見ると、計算した最終時刻の付近で直線が波うって少し右下が

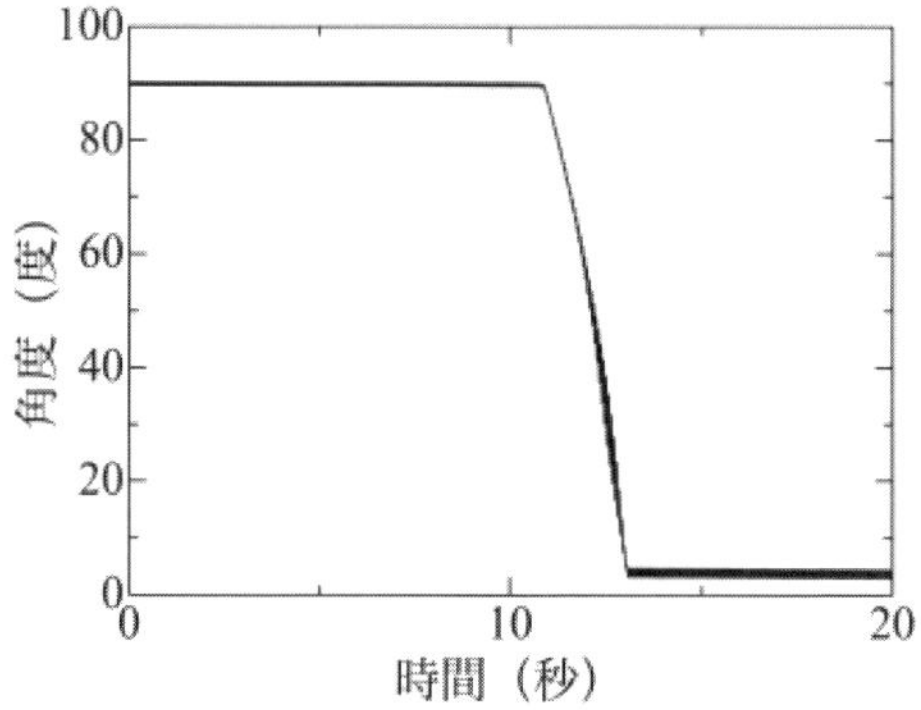

対称軸と鉛直軸が成す角度の時間変化

りになっているではないか。

右下がりになるということは角度が小さくなる、つまり対称軸が水平から鉛直に持ち上がることを示している。私はにわかに胸の高まりを覚えた。

ひょっとしたら、もっと先の時刻まで計算すれば立つかも知れない。逸る心を抑え、計算時間が十倍に延びるように設定して再計算を試みた。そして角度の時間変化をグラフに描いてみた。

すると、ついに期待していた曲線が現われたのである。

時間軸に平行な角度九十度の直線が、ある時点で波うちながら急降下し、角度が三度付近で振動するものの、その平均は時間軸に平行な直線となる様子が描かれていた。これはまさに回転楕円体が立ち上がったことを意味している。

数値計算の結果ではあるものの、私が作ったプログラムの中で初めて卵が立ったのである。モファット先生の講演を聴いて以来半年が過ぎていた。

私は努めて冷静に結果を確認したが、どうやら間違いはなさそうだった。さっそくモファット先生に、

「私の回転楕円体卵はついに立ち上がりました。この奇跡を起こすのは、重心のずれとわずかなすべり摩擦です。旅行から帰った後に結果をお見せできればと思います。八月二十二日午後三時はいかがでしょう?」

と電子メールを送った。

アーサー王の石卵

翌日の八月十三日、私は晴れ晴れとした気持ちでウェールズ旅行に出発した。車での家族旅行である。険しい緑の丘に見える羊の群れ、ウェールズ語で書かれた道路標識、田舎を走る蒸気機関車、どれもみな美しい風景であった。

特にアーサー王伝説の残るこの地方には、「アーサー王の迷宮」というテーマパークが当時できたということだった。この機会を逃すと二度と行けないことを予感し、車で行っ

てみることにした。道を間違えたのではないかと思うほど長時間狭い田舎道を走った。

前日に『アーサー王物語』という子供向けの本を土産物屋で買い、多少の知識を仕入れた。赤いドラゴンはウェールズ、白いドラゴンはイングランドを象徴するという。

伝説ではいったん白いドラゴンに追いやられた赤いドラゴンが復活するらしい。面白いことに、イングランドで見た本には逆の話が書いてあった。

英国は、イングランド、スコットランド、ウェールズ、北アイルランドに区分けされていて、それぞれが民族の誇りを忘れず独自の文化や伝統を重んじている。

ヨーロッパでユーロが導入されても、スコットランドとイングランドでは紙幣が違っている。サッカーのワールドカップでも、通常は一つの国から一チームのみ予選に出るが、英国は全部で四チーム出場できるのである。まことに独特な国である。

さて、アーサー王の迷宮は本物の洞窟にあり、ボートや徒歩で物語を体験できる仕掛けになっていた。洞窟に入る際にはヘルメットを着用し防寒の準備をするようガイドから注意されたが、いまさら防寒といわれても上着は車の中で、薄着の私たちは夏だというのに中で凍えそうになった。

帰り際、売店に立ち寄ると天然の石を磨いて作られた卵があった。注意していると卵の関連商品は案外数多くあるものだ。

手にとって軽く回してみたがあまりよく立たなかった。重いので回転が遅かったのかも知れない。しかしその場でぶんぶん回すわけにもいかず、形のよいものを一つだけ買い求め、「アーサー王の石卵」と名づけた。

暮れなずむウェールズを後に、シェイクスピアの生まれたストラットフォードアポンエイボンに向かった。そして長いドライブの後、夜もふけた頃ようやく宿に到着した。

一息ついて、テーブル上でアーサー王の石卵をできるだけ速く回してみた。すると、ゆで卵のように直立はしなかったが、対称軸が水平から六十度ほど傾いた。

この現象は、中が詰まった卵形物体が水平に高速回転するのは不安定であることを意味していた。私の安定性の計算に不備があったのであろうか。

アーサー王の石卵

立ち上がったアーサー王の石卵

謎は深まる一方であった。しかし、解析計算に疲れていた私は、この旅行によって気分を一新することができた。

旅行から帰って電子メールの郵便箱を開いた。期待していたモファット先生からの返事が入っている。

「よくやった。すごい！八月二十二日三時に会おう。ところで、私はポーランドで木彫りの卵を買った。回すと立ち上がる。」

私はすぐに返事を書いた。

「ゴム製の卵同様、ウェールズで買ったアーサー王の石卵は立ちにくいですが、まれに真っすぐ立つ場合はとがった端を下にします。ポーランドの木彫り卵はどうでしょうか？」

するとすぐ返事が来て、やはりポーランドの木彫り卵もとがった端を下にして立つとのことであった。

回転卵の研究史

旅行後、私は残り少ない夏を自宅で過ごしていたが、モファット先生と会う予定の八月二十二日が近づいてきた。そんな折、鞄を開けると中に入れておいた例の今井先生の記事がふと目に入った。

ゆで卵の力学は逆立ちゴマと状況が違う、という先入観でまだ真剣には読んでいなかった。しかし、立つ証拠を得たこの時点では精読する余裕が生まれていた。そこには逆立ちゴマが立つ理由を巧妙に説明した理論が解説されていた。

逆立ちする物理的機構は簡単でなく、多くの物理学者が謎解きに挑戦した。ノーベル物理学賞を受賞した理論物理学者である、デンマークのニールス・ボーアやスイスのヴォルフガング・パウリもその一人であるが、明解な説明はできなかったという。

理論的に解明されたのは一九五二年である。ブラームスとヒュヘンホルツがフィズィカという学術雑誌の第十八巻にそれぞれ独立に論文を発表し、重心のずれた球形物体の回転運動として謎解きに成功した。

特にヒュヘンホルツは逆立ちの最終段階で心棒が果たす力学も明らかにし、逆立ちゴマ問題の最終的解決を与えたといえる。逆立ちするためには、コマと接触面の摩擦が不可欠であり、しかも接触点がすべって力学的エネルギーが減少しなければならないことが明らかになった。

ヒュヘンホルツの理論の要は「運動定数」にあった。つまり、運動中いつも一定値に保たれる定数のことである。

例えば、二つの物体が衝突するとき、両物体がもつ運動量の総和は時間的に変化せず一定である。したがってそれは運動定数である。

逆立ちゴマの運動定数は、「ジェレット定数」と呼ばれる複雑な表式をもつ量であった。回転による摩擦でエネルギーが減少するにもかかわらず運動定数が存在するのである。これは、私にとって驚くべき事実であった。

今井先生の記事には、逆立ちゴマの問題を取り扱った原論文の出典も記載されていた。研究の初期、回転ゆで卵の立ち上がりを取り扱った文献をインターネットで検索したが、一件も見つからなかった。

その当時は逆立ちゴマをそれほど重要視していなかったし、また逆立ちする理由を説明した論文があることも知らなかった。

そのため私は過去の研究について調べることを怠っていた。しかし研究が一段落したので逆立ちゴマに関する原論文を読む気になったのである。

八月二十二日、予定の会合日である。モファット先生は私に椅子をすすめ、何かの包みを開けた。ポーランド出張の折に見つけたという何種類かの木彫り卵であった。どれも美しい装飾が施されており、彼は机の書類を脇にやってそのうちの一つを回し始めた。

左手の親指と右手の人さし指を卵の両端にあてかなり速いスピードで回す。その技に感心する間もなく卵は立ち上がった。彼は得意げに別のものも回して立てた。

「見事に立ちますね。」

「メールに書いたとおり、とがった端を下にして立つのだ。」

私は、

「アーサー王の石卵も、まれに立った場合そうなります。このような空気室のない卵の運動は『回転中は重心の高い姿勢が安定である』という原理を支持しています」

とつけ加えた。

そして、話題はモファット先生が見つけたという面白い文献に変わった。机から文献のコピーを取り出し私に手渡す。見ると、『流体力学』という論文集のようである。コピーされていた部分は「液体の歳差運動について『液体ジャイロスタット』」という題の一節であった。

モファット先生は

「これは回転生卵の問題に関連する研究で、こんな昔に研究されていたのだね。著者は誰だと思う」

と私に問う。その一節は一八七七年の『ネイチャー』から抜粋されていたようであった。

この時期の流体力学者を考えてみたが、もともと歴史をよく知らない私は有名な人の名前しか思い浮かばなかった。当てずっぽうに

「ストークスですか」

と答えた。すると、

「惜しいな。時代はあっている。実はケルビン卿だ。当時の名前はウィリアム・トムソン。エジンバラ大学での講義準備をしているとき彼の論文集を見つけたのだ。この部分は液体の回転運動に関する実験的論文のようである。ケルビン卿は、粘性流体を研究したストークスと接触があったはずだが、あまり粘性流体を研究しなかったのが不思議だ」

と解説した。

ケルビン卿は流体力学のみならず、熱力学、電磁気学、地球物理学等、古典物理学のほとんどすべての分野で業績のある天才である。「トムソンの原理」、「ケルビン温度」、「ケルビンの循環定理」など、彼の名を冠した物理学の用語は数多い。王立協会会長やグラスゴー大学総長を歴任し、死後はニュートンの眠るウェストミンスター寺院に葬られた。

そのケルビン卿は、ケンブリッジで最古の歴史を誇るコレッジ、ピーターハウスを卒業

したという。生卵の問題は古来より偉大な学者が取り組んできた由緒正しいものであることを、私は驚きとともに再確認した。

そして、いよいよその日の本題に入り、初めて立った結果の報告をした。支配方程式の導出と数値計算結果を説明し、

「立つための条件は不完全すべり条件と重心のずれだったのです」

と得意げに発表した。

モファット先生は肯定的な結果を得るまでの労をねぎらったが、少し腑に落ちない様子であった。理論家の彼には数値計算の結果だけでは心もとなかったのかもしれない。

ケルビン卿
（ウィリアム・トムソン，1824-1907）

次に逆立ちゴマの論文出典がわかった話をすると、

「たぶん、この文献はすぐ手に入る。司書に聞いてみよう」

と言うので、さっそくニュートン研の図書室に二人して向かった。

所長じきじきの依頼だったためだろうか、司書に出典を見せると四、五編の文献をコンピュータで瞬く間に検索し、ニュートン研にあるものはモファット先生と私用に二部ずつコピーし、ないものは他の部署から至急取り寄せると約束してくれた。

二日ほどすると、その司書から四、五編の論文コピーが工学部の研究室に届いた。その中にヒュヘンホルツの論文もあった。

今井先生の記事によると、逆立ちゴマの問題に最終的解決を与えたのはヒュヘンホルツとのことだったので、まずその論文を読むことにした。

ざっと目を通すと、今井先生の解説どおりの議論が展開されていた。逆立ちゴマを重心のずれた球形物体でモデル化し、不完全すべり条件が必要不可欠であることが明言されていた。そして、議論はジェレット定数を軸に構成されていた。

一方、ケルビン卿の論文には、

「液体を内包した剛体の回転運動は、剛体のみの回転運動を本質的に変えない」

という理論的予測が言及されていた。

つまり、中に液体が入っている生卵の問題よりも、中も硬いゆで卵の方が本質的な問題であるというのである。ゆで卵が立つ数値的証拠を得た私は、それを読んで少し嬉しくなった。

常識を疑う態度

八月二十九日、ニュートン研での会合である。ケルビン卿の論文趣旨をモファット先生に伝えると、意外な様子であった。生卵の問題をオープン・クエスチョンとしたモファット先生にとってはゆゆしき事態だったのかもしれない。

私は本題に入り、ヒュヘンホルツの論文内容を説明した。モファット先生はジェレット定数に興味を示した。

この運動定数の物理的意味を二人で考えたが、その時点ではよくわからなかった。「ジェレット定数は、おそらく回転楕円体でも運動定数であろう」とモファット先生は予想した。

ヒュヘンホルツの逆立ちゴマに対する理論は、卵のような重心のずれた回転楕円体の場合にも使えるのであろうか。私は次回までに検討することを約束した。

翌日からヒュヘンホルツの論文を精読し、一つ一つ式を検証していった。原論文にはミスプリント等が見つかったが、ジェレット定数を軸にした巧妙な論旨が展開されていた。

私は回転楕円体の場合にも同じ議論ができるかどうか検討してみた。

途中までは同じ論理を使うことができた。しかし肝心のジェレット定数は、回転楕円体では一般に運動定数とはならなかった。

この事実はモファット先生の予想に反していた。しかしながら運動定数からのずれを表わす式は案外単純で、後の発見に大いに貢献することになる。

結局、ヒュヘンホルツの逆立ちゴマに対する議論は、そのままでは卵の問題に適用できないことが判明したのである。その他関連する最近の論文も読んでみたが、どれも卵の問題には適用できそうになかった。

このとき私は、これまで回転ゆで卵に関する論文が書かれていない理由がわかったような気がした。物体が球体から回転楕円体に変わると運動定数がなくなってしまう。そのため、回転ゆで卵の問題は容易に解けなかったのであろう。

この結果を九月十九日の会合で報告したところ、モファット先生も私に同意した。回転楕円体では運動定数が存在しない事実を伝えると、

「それこそがゆで卵の問題が解かれていない理由だ」

と言ったのである。

モファット先生は理論的に不安定性を証明したかったようで、不完全すべり条件をクーロン摩擦で考えた場合に線形安定性理論が使えない理由を尋ねた。

私は、その理由を以前と同じように説明した。彼は少し考えた後、その困難を今回は理解したようだった。そして、

「接触点がすべらない状況で特異性をもつクーロン摩擦の式は信じることができない。クーロン摩擦ではなく、すべり速度に比例する粘性摩擦を用いればどうだろうか」

と言った。

その言葉を聞いて私は驚いた。高校の「物理」で習って以来、クーロン摩擦の式が間違っている可能性など考えてもみなかった。大学入試の際も、摩擦といえばクーロン摩擦と決め込んでいた。

確かにその式は経験法則であることは聞いており、前述したようにこれまでの計算で疑問を感じていたのだが、それが間違っているとまでは思えなかった。いわば常識と考えていたのである。

そのため、これをたちどころに否定するモファット先生に私はびっくりしたのだ。常識と思われていることを疑うことによって斬新な発見があるのかもしれないが、実際にはとても勇気のいる行為である。

ただし、空気や水が遅く流れている場合、速度に比例する流体摩擦が知られている。モファット先生がオイラーディスクを解析したときに導入したのは、この形の摩擦であった。けれども、回転卵の場合に適切なものかどうかは不明である。

もっとも、モファット先生の言うとおり、クーロン摩擦の代わりに粘性摩擦を導入すれば線形安定性理論が適用できるのは明らかだった。そこで私は、粘性摩擦を用いることによって重心がずれた回転楕円体の安定性を計算することにした。

九月末、モファット先生はニュートン研究所長の任期を終えるので、シルバーストリートにある古巣のＤＡＭＴＰに戻るという。ＤＡＭＴＰに用意された部屋は、流体力学の大家である故バッチェラー教授が以前使用していたものであった。

短すぎた計算時間

翌日からモファット先生提案の粘性摩擦を用いて、重心のずれた回転楕円体に対する線形安定性の計算を始めた。まず、定常状態と呼ばれる時間的に変化しない状態を前に得られた方程式から計算した。すると、その定常状態が四種類あることがわかった。対称軸を水平にして回転している（卵が横になって回転している）場合と鉛直にして回転している（卵が立って回転している）場合に加え、傾いて回転している場合にも定常な状態があった。さらに対称軸を水平にして転がる場合も定常状態であることがわかった。

すべてを次回の会合までに解析する時間が無かったので、卵が立つ状況にあてはまる対称軸を水平とする場合の安定性を調べた。

長い計算の後に安定性を決める連立方程式を得ることができた。それを行列で表現し、その行列式を零とおくことで五次方程式が得られた。

この方程式の根が正の実数部をもてば、その定常状態は不安定と結論できるのである。しかし一般の五次以上の方程式は解析的に解けないことが証明されているので、その根を数値計算で求めた。

様々なケースについて数値計算した結果、粘性摩擦を用いた数値シミュレーションと整合性のある結果が得られた。十月三日、午後三時に予定されていたモファット先生との会合三十分前にやっと出た結果であった。

定刻少し前、できたてホヤホヤのグラフを持ってDAMTPのS3というモファット先生の部屋に向かった。どんな部屋なのか、まるで博物館にでも入るかのようにわくわくした。扉をノックすると、

「カムイン」

という快活な声。私はおそるおそる扉を開けた。

モファット先生は、

「びっくりさせるものがある」

と微笑み、手をポケットに入れた。出てきたのはアクリル製の卵形回転楕円体である。DAMTPの技師が作ったもので、縦と横の長さの比（縦横比）が二の卵形とのことであった。

積まれていた書類が脇にやられ、机上にスペースが作られた。器用な両手の指によってその回転楕円体は勢いよく回転した。直立はしなかったが、水平にあった対称軸が鉛直方向に四十五度ほど持ち上がった。アーサー王の卵と同じような結果であった。

モファット先生は、

「君の結論によると、中身が一様に詰まった回転楕円体は安定とのことだったけれど、この現象と合わないね」

と言った。矛盾を衝かれた私はとっさに、

「これは本当に完全な回転楕円体でしょうか？作るときの誤差で形がずれているために、重心がずれていないでしょうか？」

と疑問を投げかけた。

そして話題を変え、できたてのグラフを披露した。数値計算と合致する線形安定性の理論の結果を示したのである。

次にモファット先生は

「重心がずれていない場合を、理論的に調べただろうか？」

と質問した。私はそのように単純な場合を検討していないことに気づき、

「まだ調べていません。検討します」

と答えた。するとモファット先生も、技師に回転楕円体の作成精度を確かめてみると約束した。

「中身が一様に詰まった重心のずれていない回転楕円体は立たない」と結論したのはかなり前だった。

思い出してみると、その根拠は単に数値シミュレーションの結果であり、不完全すべり条件にしても対称軸は水平のまま変化しなかったのである。

そのときはクーロン摩擦を用いていたので線形安定性理論が使えず、理論的な証明はできなかった。

しかし今回は、粘性摩擦を大胆に仮定して線形安定性理論を使った結果、重心のずれた回転楕円体の不安定性を証明することができた。重心がずれていない場合は、その特殊な場合に過ぎない。

そこで、問題の五次方程式を重心のずれがない場合に書き下し、さらに数値的に解いてみた。すると、回転楕円体の短軸の長さを一センチとした場合、回転角速度がちょうど七〇以上だと不安定になるではないか。

言いかえると、小さい卵の場合、一秒間に十回転以上すると起き上がるのである。

さまざまな縦横比の場合も、七〇という値はすべて同じであることが不思議であった。ともかく粘性摩擦の場合、重心の位置にかかわらず不安定になる領域がある、すなわち起き上がることが、理論的に証明されたことになる。

では、前の数値シミュレーションの結果が安定になったのはどうしてなのだろう。クーロン摩擦を使っていたからだろうか？

私は粘性摩擦を想定したプログラムを作り、数値シミュレーションを行った。まずは縦横比二の回転楕円体を試した。

コンピュータによる一、二秒の計算後、グラフを描いてみた。すると、やはりクーロン摩擦の場合と同じ結果で、対称軸は鉛直方向に動かなかった。起立しないのである。

次に、縦横比を二分の三に変えてみた。今度も、対称軸の方向に大きな変化は見られぬようであった。しかし、よくよく見ると、グラフの右端で曲線が少し下向いているように見えた。下向くということは対称軸が鉛直方向に動くことである。重心のずれた回転楕円体同様に、もっと先の時間を見れば立ち上がることが確認できるかもしれない。

さっそく計算範囲を十倍増やして結果を見た。十数秒ほどの計算の後、角度の時間変化曲線を描いてみた。すると、曲線は振動を伴いながらも階段を描いた。つまり、平均的に見れば角度が九十度から〇度に時間変化したのである。

これは、水平であった対称軸が時間とともに鉛直に持ち上がることを意味しているのだ。ひょっとしたら、縦横比二の回転楕円体も計算範囲を増やせば、水平に回転している状態が不安定になる結果が見えるかもしれない。

そこで、やはり計算範囲を十倍にしてみた。案の定、曲線は右下がりの階段を描いた。クーロン摩擦の場合も計算時間を大幅に増やして調べた。縦横比が二分の三のものは完全に直立した。

しかし縦横比が二の場合、角度の時間変化を表す曲線は右端で四十五度付近の直線となった。つまり物体は起き上がるが、完全には直立しないことを示していた。

この結果はアーサー王の卵やモファット先生の回転楕円体の実験と一致する。これで謎が氷解した。

以前におこなった数値シミュレーションは、計算範囲が狭すぎたために物体が立ち上がる段階まで見えなかったのだ。言い換えれば、立ち上がる前しか観察していなかったのである。こんな初歩的な間違いに気づかなかったことを後悔した。しかしその当時は、何度理論計算してもことごとく立たない結果しか得られず、私には否定的な先入観があったのかもしれない。

いずれにせよ、立ち上がる条件はより単純なものであることがわかった。回転楕円体の場合、重心が形の中心からずれていなくても不完全すべり条件を仮定すれば立つのである。これは大きな進歩であった。重心がずれている条件が必要だとすると、計算がとても複雑になってしまうからである。

ホプキンソン研究室のヤング教授をクレアホールの昼食に招待したとき、教授は
「重要で価値のあるものは簡単に表わせる」

と言った。

私はその意見に全面的に同意することはできなかった。これまでにおこなった乱流の統計理論計算で、かなり長い計算の後にようやく複雑な表式を得た経験をしていたからである。しかし、科学とは本来そういうものなのかもしれない。複雑なものを簡単にすること。ものごとをありのままに捉えるだけでは、データの蓄積が成されるだけで科学にならない。そこで体系化や分類が必要になるのだが、それらは多様性の中に統一性を見出す作業ではないだろうか。ニュートンの運動方程式は、森羅万象の力学的現象を僅かな数式で表現しているのである。

物理学の言葉は数学であるが、一つの式のもつ情報量は莫大である。情報の本質を抽出して情報量を縮約すること。これこそが科学の真髄であると思う。

回転ゆで卵の起立現象の本質は、中身の一様に詰まった回転楕円体で尽きていたのである。

神秘的な数理

線形安定性理論によって回転楕円体が立つことを証明したものの、最終的な段階で方程式を数値的に解いていることに不満があった。

やはり、最後まで解析的な理論で結論を導かなければならない。不完全な数値シミュレーションの結果、重心のずれていない回転楕円体は安定であるという間違った結論を出した苦い経験が物語っている。

数値計算はよいヒントにはなるが、それを昇華して解析的な結果を導くことが重要である。そう考えて五次方程式を眺めながら頭をひねっていると、摩擦を小さいと仮定すれば「摂動理論」を適用できる可能性を思いついた。

摂動理論というのは、現象に影響をおよぼす因子が小さい場合、その因子がまったくない場合を基本に理論を展開していく方法である。

この場合は、表面がつるつるである完全すべり条件を基本にして、小さい摩擦が働いた場合を予想するという手法である。たぶん摩擦係数は十分の一程度なので、小さいという仮定も通用すると思えた。

十月十日の会合日、私は結果を携えＤＡＭＴＰにあるモファット先生の部屋を訪れた。重心がずれていない回転楕円体でも不安定になる、という結果を伝えた。

前の数値シミュレーションは、計算範囲が足りなかったために十分観察できなかったことを説明した。モファット先生はその結果に満足したようで、私の成果を賞賛した。

次に、五次方程式根の最大実数部が回転角速度にどのように依存するかを表すグラフを報告した。

「不安定になる境である臨界回転角速度は、どんな縦横比でもきっかり七〇という値をとるようです。不思議ですが、何か理由があるのでしょうか？」

と聞いてみた。

　モファット先生はしばらく考えていたが、七〇という数の出た理由は
「偶然だろう」

と言った。

　私は依然として不思議であったが、話題を変えた。ゆで卵の立ち上がりに対する本質的モデルとして、もっとも単純な回転楕円体を対象とした研究に専念することを提案したのである。するとモファット先生も、

「回転楕円体でも十分複雑だ」

と同意した。

　最後に、安定性の条件を解析的に表現するために摩擦係数を小さいと仮定して摂動理論を用いる着想を述べた。モファット先生は
「なるほど、よいアイデアだ」

と言って、しばらく私の計算ノートを眺めていた。

　回転楕円体の安定性を決める五次方程式の具体的な形を見たいと言うので、その部分の計算ノートを抜き出した。

「摩擦がない場合、この方程式は零という根を持つ。それを摂動するのは簡単だ。どうするか知っているね。」

「はい、でも念のため教えて下さい。」

モファット先生はノートにさらさらと式を書き始めた。

五次方程式の表式から、あっという間におおまかな摂動根が得られた。そして、回転角速度が大きいと不安定になるという性質が示された。私が予想していた方法であったが、その計算の素早さと結果を見抜く慧眼に驚いた。

「すごいですね。この方法で他の摂動根も求めてみます。ただ、導き出した五次方程式が完全に正しいという自信がありませんが。」

「私が喜んで確認の計算をする。」

ようやくモファット先生も本腰を入れて始動しそうだった。

おそらく研究のゴールが見えたということなのだろう。また、モファット先生はニュートン研の所長任期を終えたため、研究に割ける時間が増えたこともその理由であった。

翌日、五次方程式の摂動根すべてを求めた。その結果、不安定性に導くのはモファット先生と検討した場合のみであることがわかった。

しかもその臨界回転角速度Ωは、回転楕円体の縦横比によらず、重力加速度をg、回転楕円体の対称軸に垂直な方向の半径をbとして、$\Omega=\sqrt{5g/b}$となることが結論づけられた。

シミュレーションで使っていた値は、b=1cm で $g=980\mathrm{cm/s^2}$ なので、$\Omega=\sqrt{4900}$ 1/s = 70 1/s となるではないか。数値シミュレーションの結果は正しかったのだ。

こんな数の組み合わせで整数七〇が現れるとは思いもよらなかった。さすがのモファット先生も気づかなかったのである。

ちょっと大げさかもしれないが、私は回転卵の数理に神秘を感じた。この問題は奥深く美しいものに違いない。

さらに、不安定となる基本的条件を計算して求めた。粘性摩擦の場合にその表式が得られたので、それを初期条件として数値シミュレーションを行ってみると、回転楕円体はごく短時間で立ち上がった。私は計算の正しさに自信を深めた。

ケンブリッジの重み

次に計算を行う必要があるのは、回転楕円体がコマのように立って回転している場合の安定性である。卵は立ち上がった後しばらくその状態で回り続ける。すなわち対称軸が鉛直となって回転している定常状態の安定性だが、この解析は容易でなかった。

私は工学部からＤＡＭＴＰを通り越してトリニティコレッジに向かった。

トリニティコレッジは、一五四六年ヘンリー八世によって創られた名門であり、ケンブリッジ大学でもっとも裕福なコレッジである。コレッジが所有している土地だけを通ってロンドンまで行くこともできるという、まことしやかな流言が広まるほどである。

ベーコン、バイロン、テニソン、ニュートン、マクスウェル、レイリー、ラザフォード、ラッセル、等々、偉大な学者を多数輩出している。

流体力学者、応用数学者として有名な故バッチェラー教授や故ライトヒル教授、そしてモファット先生もトリニティのフェロー（教員）である。

トリニティのレン図書館を訪れたことがあった。クリストファー・レン卿のデザインにより十七世紀末に立てられた図書館で、貴重な書類を保管している。人数制限があるものの、一般にも展示公開されている。

館内には六つの透明な展示ケースがあり、それらは保護用の布製カバーで覆われている。見学したい人はそれを随時めくって自由に閲覧できるようになっている。八世紀に書かれたという聖パウロの書簡、ミルトンの詩篇、ミルン著『くまのプーさん』の原稿、ラッセルの書簡などが展示されていた。

中でも、ニュートンが所有していた『プリンキピア』の初版は目を引いた。あるページには第二版のための注釈が自筆で記入されている。

その脇に、ニュートンの白髪がなにげなく陳列されていた。これを見たとき、このような天才を輩出したケンブリッジの重みを実感すると同時に、その天才を身近に感じた。

モファット先生の部屋は八畳ほどの広さで、重厚な机や丸いテーブル、そして沢山の書物があった。

「素敵な部屋ですね。集中して計算されるときはここを使われるのですか？」

と聞くと、

「そうそう。今日はここで計算した私の結果と比較しよう」

との提案。前回の約束どおり、自ら計算したようであった。

モファット先生はいつになく几帳面に書かれた計算ノートを私に見せた。用いた記号が私のものと違う部分があったが、本質的には同じ計算過程であった。記憶する限りにおいて同じ結果を得ているように思えた。

モファット先生の計算は、重心がずれていない回転楕円体を対象としていたことに加え、

アイザック・ニュートン
（1642-1727）

単位のない（無次元化した）量で計算していたため、私の計算よりずっとすっきりしていた。計算は定常状態を求めるところで終わっていた。

私の方は、対称軸を水平にして回転する回転楕円体の臨界回転角速度が数式で得られたことを報告し、シミュレーションでその値が七〇となった理由を述べた。モファット先生も、この不思議な数理には少し驚いたようであった。

さらに、卵が直立した状態の安定性は解析が難しいという事実を説明した。なかなかうまく伝わらなかったが、計算過程を見せることでその困難を示した。そして一週間後の会合を約束して、その日は終了となった。

○……………○……………○

私は卵が直立した状態の安定性を解決したかった。何日も考えて、いくつかアイデアも出たのであるが、どれも本質的に解決するものではなかった。あっという間に一週間がすぎた。会合の前日、モファット先生から電子メールが届いた。

「対称軸が水平である場合の不安定性を計算した。そして君と同じように五次方程式を得た。摩擦がない場合は一致するのだが、摩擦を取り込んだ場合その係数が合わない。その結果安定になってしまう。おそらく私が重要な項を計算間違いで見落としたのだろう。

明日比較するために君も確認されたし」

との内容だった。そこで私は再度計算確認をしたが、特に間違いは見出せなかった。

最後の一歩

私は、卵が直立している場合に生じる困難を頭に残しながらも、第三の定常状態に関する安定性の計算を始めていた。

これは卵が傾きながら回転している状態である。対称軸の方向が水平と鉛直の間にある定常状態なので、中間状態と呼ぶことにした。

計算を行う前から相当複雑になることがわかっていた。しかし、安定性の議論を完結するためには避けて通れない課題であった。

私は集中して計算を進めた。結果としてやはり五次方程式が得られたが、その係数は三角関数を多数含む非常に複雑な表式となった。

会合の日、モファット先生は、その段階でこれまでの成果を電子ファイルに清書した論文原稿を提示した。

「速いですね！」

驚きの言葉がおもわず私の口に出た。

モファット先生はいつもこんなに速く論文を書き始めるのであろうか？私はこれまで、最終的な結果を得てから初めて論文を書き出してきた。

しかしそれはあまり効率のよい方法ではないのかも知れない。数多く質の高い論文を生み出してきたモファット先生の技量を垣間見た気がした。

最初の話題は、懸案であった対称軸が鉛直状態の安定性解析であった。

「依然としてよい方法が見つかりません」

と私が言うと、モファット先生も

「本を調べたが、それに関する記述はなかった」

と応え、二人でしばらく考えていた。

突然、モファット先生はノートに何か書き出した。それは、ほぼ鉛直に立った卵の上に平面を描いた絵だった。そしてその上に式を書き、この投影面で回転運動を見てはどうかと言う。

私はどういう意味があるのかわからなかったので成り行きを見ていたのであるが、モファット先生もそれより先には計算を進められなかった。結局その話はまた持ち越しとなる。

その後、私は中間状態の不安定性解析の結果を示した。大変複雑な数値計算の結果である。私は

「ひょっとしたら卵の立ち上がりを研究した論文があるかもしれません。しかし、こんな複雑な不安定性の結果はまだ誰も知らないと思います」

と話した。

もう一歩で回転卵の問題を解明することができる。その感触はあるのだが、その最後の一歩が容易でないことも感じていた。街は黄金色の枯葉で彩られ、秋たけなわであった。

第五章

謎の解明

モファット先生の大発見

十一月十六日、セントジョンズコレッジの一角を覆う蔦は青空の下で鮮やかに紅葉していた。モファット先生との久しぶりの会合日であった。

また、その日は映画『ハリーポッターと賢者の石』の封切り日でもあり、私は家族全員の前売り券を買って楽しみにしていた。念のため、出かける前にその券のありかを確認しようとしたが、見つからない。

家のどこかにあるはずなのだが、もし見つからないと困ったことになる。子供たちがその日を楽しみにしていたからである。しかし会合の時間が迫ってきていたので、やむなく家を出ることにした。

工学部の研究室にいったん立ち寄った後、朝の澄んだ空気の中、トリニティコレッジへ自転車を走らせた。

午前十一時にモファット先生の部屋で議論する予定であった。彼はイタリアにパネッティ・フェラーリ賞の受賞式に出席するため、しばらく留守であった。

自転車をニューコートの駐輪場に留めていると、黒いコート姿のモファット先生も自転車に乗って現れ、にこやかにその賞の金メダルを私に見せる。手にとるとずっしりと重かった。

二人で部屋に向かって歩き始めると、モファット先生が興奮を抑えるように

「すごいことがわかった」

と話しかけてくる。いつもと違うモファット先生の様子に、私は何事かと期待して部屋に急いだ。

モファット先生は几帳面に書かれた計算ノートを披露した。そしていきなり

「イタリアに向かう電車の中で考えていたら、回転卵の運動を支配する方程式が解けた」

と言う。

驚きながらノートを読み進めると、その解は指数関数と三角関数で表される単純なものであった。それでも、確かに卵が立っていく様子が見事に記述されていた。

計算では、卵とテーブルが接触する点の速さに比例する粘性摩擦力を想定していたが、卵が十分速く回転する状況では通常は解けないはずの方程式が解けるのである。

卵が十分速く回転すると、ある等式が成り立つことがポイントであった。その等式を、「ジャイロスコピック・バランス（均衡）」と呼ぶことにした。

ジャイロスコピック・バランスが成り立つ条件である「回転速度が大きい」という仮定

は、地球流体力学で成される地衡流（大気や海水が圧力の高い地域から低い地域へと押し出される力と、自転の影響で生まれるコリオリ力とが釣り合ったときに生じる流れ）近似と酷似している。

一流の流体力学者が成せる技だったのかもしれないが、実はモファット先生より前にこのジャイロスコピック・バランスを着想した日本人がいることを後で知った。酒井高男氏である。

一九八一年に出版された雑誌『数理科学』の記事「逆立ちごま」に、ジャイロスコピック・バランスを表わす同じ式が記されているのだ。

酒井氏が球形物体に初めて用いた近似を、私たちは任意の軸対称物体に適用したことになる。

「すごいですね。電車の中でこんな大きな発見をされたとは……まったく驚きました」

と私が賞賛すると、

「だからよく間違うのだ」

と彼は照れくさそうに微笑んだ。

もう一度その等式を眺めたとき、私はどこかで見たような気がした。そうだ、それは逆立ちゴマの謎を解く鍵であったジェレット定数に関係していたはずである。

前にも記したように、運動中はさまざまな量が時間経過にともない変化してゆくが、中には運動のあいだ常に一定の値をとる量があり、それは物理学で運動定数と呼ばれている。ジェレット定数は球形の逆立ちゴマでは運動定数なのである。

以前、卵形にも運動定数があるに違いないと信じて、それを調べるためにジェレット定数の時間微分を計算したことがあった。

その結果、ジェレット定数は卵形では一般に運動定数になり得ないことがわかったのであるが、その時間微分の式がなぜか非常に簡単な因子を持っていたことを覚えていた。

この記憶によって私はある事実に気がついた。不思議なことに、ジャイロスコピック・バランスが成り立つとこの因子が零となるのである。

私はモファット先生に

「ジャイロスコピック・バランスを仮定するとジェレット定数が卵形の回転運動でも保存され（運動定数となり）、そのおかげで方程式が解けたのだと思います」

と言うと、彼は

「そういうことか」

とうなずいた。

この指摘が正しいとすると、クーロン摩擦などのもっと一般的な摩擦力を仮定しても解けるはずである。これにはモファット先生も最初懐疑的であったが、しばらく考えて同意した。

さらにその後、彼は$\theta=0$の不安定性が解けたと言った。本来この不安定性は卵の自転速度で決まるはずなのであるが、方程式には歳差角速度という量が現れるところに困難があった。

モファット先生のアイデアは、θとすべり速度をある複素変数に変換する方法だった。そうすることで方程式から歳差角速度が消去されて解けるのであるが、それに関しては本人も

「驚くべきことに」

と言った。

私はその場で式をきちんと検証できなかったが、おそらく正しい結果であるように思えた。しかし、どうしてこんな変換を考えつくのだろう?

不思議に感じたので後学のために、

「どのようにこの変換を思いつかれたのですか?」

と聞いてみた。

するとモファット先生は、

「エジンバラ大学の学生だったときの講義ノートに書いてあった」

と答えた。私は

「講義ノート!」

と思わず叫んでしまった。

どんな教科書にも説明されていない内容が、半世紀ほど前に英国の一大学で講義されていたのである。そんな古い講義ノートの中からある事項を思い出して参照できるモファット先生にも驚いた。

この日はこれまでの研究を大いに飛躍させた一日となった。$\theta=0$での不安定性の解決もさることながら、モファット先生が着想したジャイロスコピック・バランスが重要な鍵だった。この発見によって卵の立ち上がり運動が解析的に説明できるようになったのである。

夕方帰宅すると、朝は見つからなかった映画の券がテーブルに置かれていた。その夜、とびきり幸福な気分でハリーポッターを観賞できたことは言うまでもない。

『ネイチャー』を目指して

翌日、モファット先生から論文原稿の改定版が電子メールで送られてきた。間違いを修正し、$\theta=0$での不安定性解析と解の発見に至った考察が書き加えられていた。未完成ながら見事な記述であった。

私は次回の会合までジャイロスコピック・バランスを自分なりに吟味することにした。まずは粘性摩擦を想定してジェレット定数から解析解を導き出し、彼の結果との一致を確認した。

次に同じ方法でクーロン摩擦の場合を考察した。予想どおり、この場合もやはり解を導き出すことができた。

その結果、粘性摩擦の場合は無限の時間を要するが、クーロン摩擦では有限時間内に立ち上がることがわかった。したがってクーロン摩擦の方がより現実的であるように思えた。

さらに、モファット先生の方法で$\theta = 0$での不安定性解析の計算を行い、結果が正しいことを確認した。変数変換による手品のような鮮やかさを実感した。

私はこの時点で、回転卵が直立する原理はほぼ解明することができたと考えた。後は摩擦の問題などを解決すればよいと思っていたのだが、この後に予想もしていなかった事態に直面する。そして、それが信じ難い現象のベールを外すことに繋がるのである。その詳細は第七章に記すこととしよう。

十一月二十一日、トリニティで会合があった。まず$\theta = 0$での不安定性について同じ結果が得られたことを報告した。

「不安定性は物体表面の曲率（曲線の曲がり方をあらわす度合い）で決まるはずで、回転楕円体に限らないもっと一般的な理論が作れるはずだ」

とモファット先生は言った。

私はその意見に一応同意したが、本来の問題であった卵の立ち上がりは、局所的な曲率だけで決まるものではないこと、そして論文は回転楕円体に集中すべきであることを主張した。彼も納得したようだった。

その後、ジャイロスコピック・バランスから導かれる解（ジャイロスコピック解）について議論した。ジェレット定数をJ、摩擦力の大きさをF、テーブルから測った重心の高さをh、そしてθの時間微分を$\dot{\theta}$とした場合、ジャイロスコピック解は微分方程式

$$J\dot{\theta} = -Fh^2$$

の解θである。

彼もクーロン摩擦に対する解析解を導き出していた。表現が少し違ったのでどちらかが間違っているのではないかと思ったが、よく調べると同じ内容であることが判明した。

そして、解析解が導き出される本質的な理由は、前述のジェレット定数という運動定数の存在であることを改めて確認した。つまり、回転卵が直立する理由を説明する最も重要な鍵はこの運動定数の存在なのだ。

これまで誰も、回転卵に運動定数が存在することに気づかなかったのである。

ここで改めてジェレット定数について説明しよう。以前ニュートン研の司書が送ってくれた文献の中に、グレイとニッケルの論文があった。そこには、逆立ちゴマに対するジェレット定数について詳しく解説されている。

ヒュヘンホルツの論文中複雑な表式で与えられていたジェレット定数は、この論文では

角運動量ベクトルと接触点の位置ベクトルとの内積という演算で定義されると書かれていた。ジャイロスコピック・バランスを仮定してジェレット定数の存在を示す計算において、私はこの定義式を用いたのである。

この運動定数は、接触点がすべる場合についてジェレットによって最初に発見された。このため、彼にちなんでジェレット定数と呼ばれているのである。

その後、ラウスによってすべる場合と転がる場合の両方について厳密に運動定数であることが証明された。

このような経緯がグレイとニッケルの論文に解説されていることをモファット先生に伝

ジョン・ジェレット
(1837-1888)

えると、

「ラウスはケンブリッジの有名なコーチであり、彼に因んだラウシアンという物理量がある」

と彼は教えてくれた。

少し脱線するが、一八五四年のケンブリッジ数学試験でラウスは主席、光が電磁波であることを予言したマクスウェルは次席であった。当時は主席の者しかフェローとしてコレッジに残れなかったという。このため、マクスウェルはトリニティコレッジに移ったようである。

会合を終えようとした頃、モファット先生は
「成果を論文にして、『ネイチャー』のブリーフコミュニケーションズに投稿しよう。以前、オイラーディスクに関する論文を掲載した同じ欄に」

と言った。

伝統と権威あるこの英国科学雑誌には、ノーベル賞級の論文も発表されることがある。通常、科学論文を学術雑誌に投稿すると査読者がその論文の価値を判定する。そして査読者と編集長が適切だと判断した場合のみ、その雑誌に論文が掲載されることになる。したがって、比較的掲載されやすい雑誌とされにくい雑誌があることは否めないが、『ネイチャー』の審査は非常に厳しいようだった。

投稿規程が書かれているホームページには
「ブリーフコミュニケーションズに投稿される九〇パーセント以上の論文が、査読者が判断する以前の段階で却下される」

と書いてあった。

つまり、掲載が非常に難しい雑誌であり、それだけに掲載されれば価値の高い論文として注目されるのである。

モファット先生によると、オイラーディスクに関する論文も掲載するまで苦労したけれど、全世界から反響があったという。私は少したじろいだが彼の判断を信頼し、投稿に同意した。

次回の会合日時を決めようとしたとき、モファット先生は
「まもなくパリに長期滞在する」

と言った。パリのエコールノルマルスーペリウールの客員教授として半年ほど赴任するとのことであった。

私は、共同研究者が突如去って行く状況を不安に思った。

「いつからですか？」

と聞くと
「十二月に入るとすぐに発つ予定なので、次回がケンブリッジで最後の会合になってし

まう。電子メールを使って論文を練ろう。まず私が原稿を作って送る。パリに落ち着いたら君を招待する。そのとき、論文を磨いて仕上げることにしよう」と言った。

卵が直立する原理

ここで、卵が立ち上がる原理を矢印の順に描いた図を用いて説明しよう。横軸は回転数Ωを、縦軸は重心の高さhを表している。ジャイロスコピック・バランスを仮定すると、ジェレット定数はΩ×hに比例するので、図における正方形の全面積がどの段階でも一定である。

最初、卵の回転数Ωは大きく重心は低い位置にあるのでhが小さい。その後、徐々に摩擦が働くことによって回転数が下がりΩが減少する。

このとき正方形の全面積は不変なので、hがその分大きくなる。つまりhはΩに反比例するのである。こうして時間が経つにつれ、どんどんhが大きくなっていく。

そして最終的に、重心をもっとも高くして卵が直立する。これがジェレット定数の存在を前提とした直感的な説明である。

◆ 卵が直立する原理 ◆

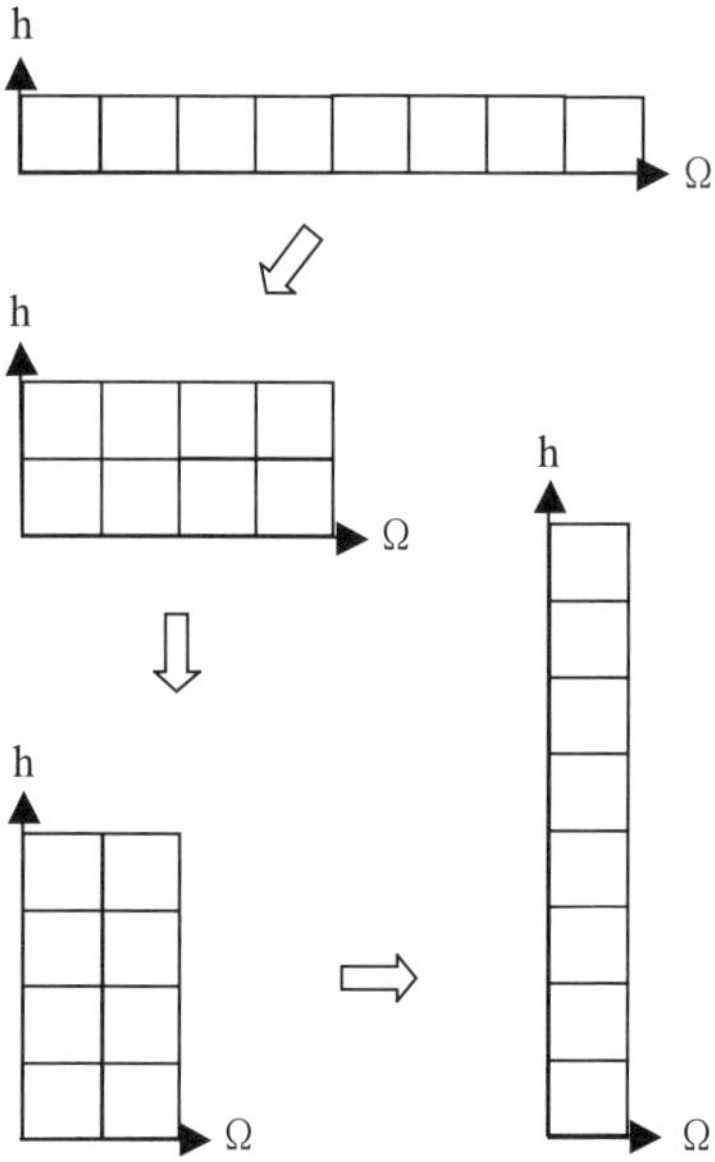

1. 横軸は回転数Ωを、縦軸は重心の高さhを表している。ジャイロスコピック・バランスを仮定すると、ジェレット定数はΩ×hに比例するので、図における正方形の全面積がどの段階でも一定である。
2. 最初、卵の回転数Ωは大きく重心は低い位置にあるのでhが小さい。その後、徐々に摩擦が働くことによって回転数が下がりΩが減少する。
3. このとき正方形の全面積は不変なので、hがその分大きくなる。つまりhはΩに反比例するのである。こうして時間が経つにつれ、どんどんhが大きくなっていく。
4. そして最終的に、重心をもっとも高くして卵が直立する。

摩擦学の権威

十一月二十八日、トリニティに入って椅子に腰掛けると、モファット先生が机に置いてあった古い本を見せる。

触ると壊れてしまいそうな古書であった。しかし彼はおかまいなしで、鷲づかみにしてページをめくった。

なんとその本は、一八七二年に出版されたジェレットの著書で、初めてジェレット定数の存在を指摘した文献であった。

電子メールで送っておいた出典をもとに探したところ、トリニティのレン図書館にあったという。百三十年ほど前の書物もたやすく手に入るトリニティの蔵書の豊富さに驚いた。

モファット先生は

「ピーターハウスのフェローだったケルビン卿もラウスも『回転卵』の問題を考えたはずで、すなわちこれはケンブリッジの問題である」

と言った。

私は改めてこの問題の歴史的な重みを感じた。そして文献のコピーを手渡し、中間状態の存在条件がモファット先生の結果と合致したことを伝えた。

その後、クーロン摩擦と粘性摩擦のどちらが現実的かを議論した。有限時間に立ち上がるという点ではクーロン摩擦が現実的だと思われた。しかし安定性の議論をする場合、クーロン摩擦は解析不可能な表現であった。

「解析解によると時定数（代表的な時間スケール）が違うので実験してみれば判別できるだろう。工学部のジョンソン教授は摩擦学の権威だ。君は同じ工学部に居るのだから聞いてみてはどうか」

とモファット先生は勧めた。

「では連絡してみます。午後のパーティでまたお目にかかります」

と私は告げ、会合を終えて部屋を出た。

シルバーストリートにあるＤＡＭＴＰの談話室で、午後三時からモファット先生主催のパーティが予定されていたのである。

モファット先生は十数名の学部生に取り囲まれており、挨拶をすると

「やあユタカ、ようこそ」

といってグラスにシャンペンを注いでくれた。そして、部屋の隅に行こうと誘う。

そこには柱状の水槽があり、ある操作をすると大きな気泡が下から上へ上昇した。流体力学の講義で話題にしたようで、技術主任に依頼して作ったとのことだった。理論家の彼がこのような実験装置を設計することに驚いた。

学生の何人かにモファット先生の講義に対する感想を聞いてみた。

「難しいけれど、とても素晴らしい講義です」

という答えに
「彼は流体力学の世界的リーダーです」

と私も賞賛した。

その後、モファット先生とソファに座って回転卵の問題以外の話をした。

私はふと
「どうして電磁流体力学を研究されるようになったのですか?」

と聞いてみた。彼の専門は、流体力学の中でもプラズマなどの電導性流体運動であったからである。地球磁場の維持や生成にも関係する大変興味深い分野であるが、水や空気等の中性流体よりは複雑な物理系であった。

以前モファット先生は私の研究テーマが燃焼乱流であることを知り、

「とても複雑だ」

とあきれたように言ったことがある。

そう言った彼がなぜ複雑な電磁流体を研究対象にしているのか、私は不思議に思ったのだ。

彼は
「興味深い現象が沢山あって、通常の流体では解けない問題も電磁流体にすると解ける場合があるのだ」

と答えた。

そして最後に、パリで論文を仕上げる話になり
「たぶん一月中旬にパリへ招待することになるだろう」

とのことであった。

翌日、モファット先生から面会を勧められたジョンソン教授を探してみた。摩擦学グループのホームページで調べたところ、最近定年で退職したことがわかった。

そこでそのグループのリーダーと思しき人に電子メールを出してみたのだが、返事は来なかった。

それでも、ジョンソン教授は『接触力学』の著者であることがホームページから伺えた。さっそく工学部の図書館で探してみると、何冊か置かれている名著のようだった。

私はケンブリッジ大学出版会に問い合わせ、一冊を手に入れた。ざっと目を通したところ、クーロン摩擦に関する記述はあったのだが粘性摩擦に関するものは無かった。この事実をまだケンブリッジに居るはずのモファット先生に電子メールで伝えた。

そして、粘性摩擦に物理的な根拠があるのかを質問すると
「ある。本来、摩擦力はこすれる二つの面を構成している分子間引力によるものである。面が『壊れる』度合いは相対速度に比例するはずだ」

という返事であった。

私は完全には理解できなかったので

「さらに考えて見ます」

と返事して、よい旅立ちを祈念するメッセージを添えた。

セルトの石

これまで得られた成果を見直してよりよい解釈ができないか検討しながら、モファット先生から送られるはずの論文原稿を待つ日が続いた。

この頃、クリス・カラダイン教授から彼の所属するピーターハウスコレッジの昼食会に招待された。彼は構造力学の大家で工学部教授かつＦＲＳ（王立協会フェロー）である。モファット先生とほぼ同じ年代の人であった。

カラダイン教授は敬虔なクリスチャンで、彼の自宅は私の家から歩いて数分のところにあった。そのため偶然自宅近くの教会で知り合った。

科学者が神を信じられることに興味があり、

「キリスト教が根付いたヨーロッパで、一見対立する科学がどうして生まれ発展したのでしょうか？」

という質問をした覚えがある。

ミカエルマス学期の最終日である十二月十九日午後一時少し前、工学部の居室から同じ棟にあるカラダイン教授の部屋を訪れた。挨拶をして日本について少し会話してからピーターハウスへ向かった。

彼の後について建物を出ると、工学部敷地の側壁に小さな扉があった。カラダイン教授は鍵をポケットから取り出してその扉を開けた。

扉をくぐると手入れの行き届いた美しい庭が現れた。まるでC・S・ルイス著の『ナルニア国ものがたり』である。

その先の、スカラーズガーデン、ディアパーク、フェローズガーデンを二、三分も歩くとピーターハウスに到着した。

フィッツウィリアム博物館の裏側に、ピーターハウス所有のこんな広大な庭園があることに驚いた。と同時に、工学部に最も近いピーターハウスのフェローであるカラダイン教授を羨ましく思った。

ピーターハウスは一二八四年に設立されたケンブリッジで最も古いコレッジである。建物や内装からも長い歴史は容易に想像できる。

カラダイン教授に案内されてフェローのダイニングルームに入った。コンビネーションルームと呼ばれている部屋である。暖炉のある木造の古めかしい部屋で、格子模様の壁や天井が印象的だ。

時刻がまだ早かったせいか、私たち以外は二、三人しか居なかった。勧められた場所に着席して、私の経歴や日本の大学の様子を話しながら食事を始めた。

そのうち三々五々人が増え、カラダイン教授と親しそうな数人が近くに着席した。カラダイン教授はその人々に私を紹介した。ほとんどが年配の人で、四十才の私はその中で若蔵だった。

そして話題は、ケンブリッジで私が何を研究しているかということになった。

そこで、燃焼乱流の研究に加えてＤＡＭＴＰのモファット先生と立ち上がる回転ゆで卵の研究をしていることを伝えた。

回転ゆで卵の研究状況を詳しく話すと、周囲にいた人々は興味をもったようだった。カラダイン教授もその現象は知っているという。

モファット先生が回転楕円体の模型を作った話をすると、私の隣に座っていた老紳士が「私はキースの隣に住んでいて、回すと立ち上がるのを先日見せてもらった」と言う。キースとはモファット先生のファーストネームであり、その隣人は一九八三年から一九九二年まで工学部長を務めたハイマン教授であった。

カラダイン教授も同年代のＦＲＳであるためか、モファット先生とは親しいようであった。私は、現象解明の鍵がジェレット定数という運動定数にあることを述べた。

また逆立ちゴマに関しては、すべる場合と転がる場合の両方について厳密に運動定数であることをラウスが厳密に証明したことを話した。

するとカラダイン教授は
「ラウスというのは、E. J. Routhでしょう。彼はここのフェローだった」

と言う。

後に調べたところ、ホプキンソンという学者はラウスにコーチされて、一八七一年の数学試験で主席になっている。私がケンブリッジ大学で研究していたのは工学部のホプキンソン研究室であり、そこは彼に因んで名前がつけられたとのことであった。さらに、私とラウスの誕生日は同じであることも知って不思議な縁を感じた。

エドワード・ラウス
（1831-1907）

「工学部のジョンソン教授に、この問題でどのような摩擦を仮定するのが妥当か、お伺いしようと思いました。しかし、もうすでに定年されていたため連絡する方法が見つかりません。連絡先をご存じでしょうか?」

と尋ねた私に、カラダイン教授は
「彼ならよく知っている。後で電話しておくよ」

と答えた。

そして
「回転させると一旦止まり、それから逆回転するおもちゃを知っていますか?」

と問う。私は知らなかったのであるが興味を覚えた。

午後の仕事に戻る頃、カラダイン教授はホールと呼ばれる学生のダイニングルームと歴史あるチャペルへ私を案内した。

ホールには、話題になったラウスの大きな肖像画が掲げられていた。私はポータズロッジの前で礼を言って別れた。実り多き昼食会であった。
二、三日すると、カラダイン教授から電子メールが届いた。
「クリスマス直前におこなわれる工学部のミンスパイ・パーティに、ジョンソン教授が見えるとのことなので君も来られたし」

との内容であった。

ミンスパイとはひき肉を詰めたパイのことで、英国ではクリスマスに食する伝統がある。ミンスパイ・パーティは工学部のささやかな忘年会なのである。私は感謝して出席する旨の返事をした。

また、話題にのぼった逆回転するおもちゃが学内便で届いた。アクリルのような材質で作られた黄色く透けた物体であった。回転楕円体をその長い軸を含んだ平面で半分に切ったような長細い形をしている。

さっそく回してみたが、特に変わったことは起こらなかった。何回か試してみた後、逆の方向に回してみた。

すると、物体は途中で回転を止め、上下方向の振動を生じて逆回転し始めたのである。とても不思議な現象であった。

私はモファット先生にメールを送り、カラダイン教授がこの不思議なおもちゃを教えてくれたこと、そしてジョンソン教授に会えるように連絡してくれたことを報告した。

すると

「よい昼食だったね。クリスとジョンソン教授によろしく。例のおもちゃは私も知っている。セルトの石あるいはラトルバックと呼ばれていて、宇宙物理学者のボンディ教授による論文があるが、完全には解明されたと言えないだろう。私たちの次のテーマだ」

という返事が来た。クリスとはカラダイン先生のファーストネームである。

年が明けて、モファット先生から電子メールが届いた。

「新年おめでとう。遅くなったが、『ネイチャー』の論文原稿を添付した。君が作ったジャイロスコピック解と数値シミュレーションの比較図を入れることができる。この論文を仕上げるために数日間来ることができるだろうか？ 私にとって一番都合のよい週は、十四日から始まる週だ。日時を決めてくれれば喜んでホテルを予約する。」

首を長くして待っていた原稿であった。読んでみると、かなり完成した原稿に思えた。私は一月十三日から十六日までの日程でパリに行くことにした。

モファット先生に日程を伝える返事を書いた。また、彼が滞在しているエコールノルマ

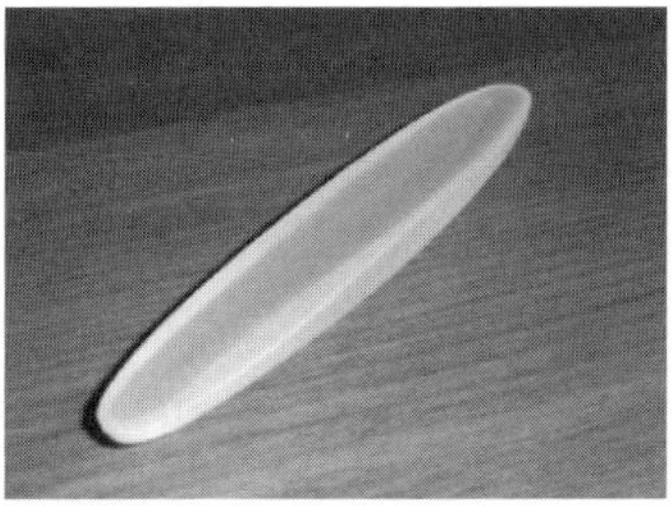

セルトの石
（ラトルバック）

ルスーペリウールで、数値シミュレーションができるか問い合わせた。

するとと翌日、予約したホテルの詳細とパリでも数値計算ができることを伝える電子メールが届いた。ＤＡＭＴＰの技術主任に作成を依頼したアクリル製碁石型の回転楕円体が間もなくできるので、受け取ってパリに来るとき持参してほしい、とも書かれていた。

最後の発見

いよいよ、研究は大詰めの段階に入った。

パリ行きが決まってから、ジョンソン教授に面会を依頼するメールを送った。モファット先生とパリで議論する前に、摩擦力に関する見解を聞いておきたかったからである。

「一月八日、午前十一時頃、私の自宅で会えますか。電話で返事下さい」

という親切な返事がさっそく来たので、私は確認の電話をした。定年退職後であるにもかかわらず、ほとんど初対面の私を自宅に招いてくれたことに感謝した。

自宅は、映画館もあるグラフトンショッピングセンターの近く、ケンブリッジ中心街にあるようだった。約束の時間より早く着いたので、しゃれた雑貨屋にふらっと入って商品を見ていると、ケニアの石で作られたというインテリア用の卵があった。英国ではなぜか卵の置物によく出会う。

十数個あったケニアの卵は本物の卵よりずんぐりしていたが、どれも少しずつ形やデザインが異なっていたので手作りのようだった。表面は装飾が施され、白い草を蓄えたワインレッドの湿地帯がさまざまな形の黒い池を取り囲んでいるようだった。一見して奇妙なもので、インテリアとしても人気商品には思えなかった。

私は人目を忍んでケニアの卵を棚の上でいくつか回してみた。アーサー王の卵同様、完全には立ち上がらなかった。しかし、ジョンソン教授に状況を説明するのに使えると思い、形のよいものを一つ選んで買った。

そうこうしているうちに約束の時間になったので、扉をノックすると歓迎されて二階の

ケニアの石卵

立ち上がったケニアの石卵

書斎に通された。そこには大柄のジョンソン教授が居た。

彼にまず聞きたかったのは、クーロン摩擦と粘性摩擦のどちらが適当であるかということであった。ケニアの卵で現象を説明しながら、モファット先生との大まかな研究成果を伝えた。

ジョンソン教授はノートに何か書きながら少し考えていた。そして
「卵が立ち上がる過程では、クーロン摩擦が妥当だと思う」

と言った。

私も同じ意見だった。ジャイロスコピック解では、粘性摩擦を仮定するとジェレット定数の値に関係なく立ち上がってしまう、という結論を得ていたからである。

しかし前述のようにクーロン摩擦には問題があり、すべり速度がない状態で不連続になってしまって線形理論が使えないのであった。私はジョンソン教授のノートに式を書きながらその状況を説明した。

「そのような状態では、卵の殻を剛体ではなく弾性体として取り扱わねばならない。その結果、摩擦力の表式は非線形なこのようなものになる」

と、彼は著書『接触力学』を開いて言った。

複雑な連立式が載っていたが、私には意味がよくわからなかった。あまりにも複雑すぎて、今回の研究では踏み込むべき領域でないような気がした。

その夜、モファット先生に電子メールを送ってジョンソン教授との会合を報告した。そして翌日、DAMTPで技師からクッション付きの封筒に入った碁石形の物体を受け取った。モファット先生からの返事には

「君の来訪が楽しみだ！実は来週の水曜日、エコールポリテクニクで、『転がる物体のパラドックス的挙動』と題した講演をすることになっている。もしちょっとした遠足をしたいなら連れて行く。参考文献やジョンソン教授の本も持参されたし」

と書かれていた。

一月十三日、パリに発つ日となった。ケンブリッジとパリは飛行機で一時間ほどの距離であり、手軽な国内旅行のような感覚である。

自宅からスタンステッド空港まで三十分ほど車を運転し、空港の駐車場に車を残して飛行機に乗った。そしてあっという間にシャルルドゴール空港に到着した。

モファット先生の親切な道案内メモにしたがって、列車でルクセンブルグ駅まで乗ることにした。十三年前に初めてパリに来たときは、英語が通じず片言のフランス語で困った経験があった。しかし時代は変わったようで、今回はこちらがたどたどしいフランス語で話しかけると、相手は英語で返事する。

ルクセンブルグ駅を出て、パンテオンからムフタール通りに向けて歩いた。住所をたどって行くと、大きな門の奥に奇麗な庭を擁するこぢんまりしたホテルがあった。モ

ファット先生が予約してくれたホテルはこれであろう。

チェックインをすると、受付のマダムがモファット先生からの手紙を差し出す。

予約された部屋に入ってその封を開けた。

「ユタカ、ようこそパリへ。下記の番号で自宅に電話を」

と書かれている。そして、追伸に
「一般の軸対称物体についてジェレット定数が存在しそうだ」

という驚くべきメッセージがあった。

これまでは物体の形として、対称性の高い回転楕円体のみを対象にして解析を続けてきた。しかし、もし追伸の内容が正しいとすると、本物の卵のような軸対称物体一般について私たちの理論が有効になるのである。

つまり、これで回転卵の起立現象が完全に解明できたことになる。私はくつろぐ間もなくベッドの上で計算した。するとあっという間にその事実が証明できた。

モファット先生に電話をかけ、

「確かめました。すごい発見ですね」

と賞賛した。

モファット先生のアパルトマンはホテルのそばにあったので、近くのカフェで待ち合わせをした。そこで論文の最新原稿を受け取った。

すでにかなりの部分が書かれていたが、表現や序論の内容等にまだ改善の余地がありそうだった。

特に『ネイチャー』のブリーフコミュニケーションズ欄は字数制限が厳しく、挿入する図も一つだけしか許されない。研究成果を簡潔に記述することが要求されるのである。滞在中、エコールポリテクニクという研究所を訪問したり、モファット先生のアパルトマンに招待されたりした。モファット夫人を交えて有名な三ツ星レストランのタイユバンにも連れて行ってもらった。

モファット先生と一緒に過ごした三泊四日のパリ滞在は、私たちの距離をぐっと縮めたように思う。

論文編集に集中したものの、私の短い滞在期間では完全に満足できる仕上がりにならなかった。滞在最後の日、私たちはイースター号に掲載するための日程を考え、後一週間ほどは余裕があると判断した。

そこで、私がケンブリッジに戻った一週間後をめどに論文を投稿する計画を立てた。モファット先生とカフェでコーヒーを飲んだ後、再会を期して別れた。

ケンブリッジに戻った私は決められた書式に論文を書き換え、図を注意深く作成した。モファット先生に校正論文を送り、議論して修正する作業を何回か繰り返した。

こうして二〇〇二年一月二十三日、ついに『ネイチャー』に論文を投稿したのである。

二〇〇二年イースター

投稿して三週間ほど待つと、編集長からの返事が査読者のレポートとともにケンブリッジにいる私のもとへ送られてきた。

胸の高鳴りを覚えながら読むと、私たちの研究が絶賛されている。そして、希望どおりイースター号に掲載してくれると書いてある。

私はこの朗報を伝えるため、すぐにモファット先生に大学から電子メールを送った。帰宅後、彼からの返事が待ちきれずパリに直接電話した。

その夜は、パリで買ってきたトリュフをふんだんに使ったパスタを作って祝杯を挙げた。論文は二〇〇二年三月二十八日号に掲載されることになったのである。

そして三月二十八日、新聞、テレビ、ラジオ、等のメディアが一斉に私たちの発見を報道した。

その前日、新聞『タイムズ』の記者から科学博物館で私たちの写真を撮りたいとの申し入れがあった。しかし、モファット先生はパリからロンドンに向かったため時間的に間に合わず、私はケンブリッジでイーストアングリアテレビのニュース番組収録のため、取材に応じることができなかった。

新聞に掲載された写真が、ゆで卵をまわす二本の手しか写していないのはこのためである。しかし、卵が立ち上がるという現象に興味を持ってくれる人がかえって増えたかもしれない。

三月三十一日に帰国するために、ＢＢＣの番組収録等は受けられなかったが、日本の新聞やテレビからも帰国間際まで電話取材があった。帰国した当日もテレビ番組の取材に応じた。

そして、さんざん取材を受けた後に、必ずといってよいほど、

「でもいったい何の役にたつのでしょうか」

という質問を受ける。

私たちの発見を最初に報道した『タイムズ』は関連記事を掲載した。"CRACKED EGGHEADS"と題した記事で、"Things you didn't know you need to know"という副題がついていた。

内容は、

「研究の動機はどうであれ、また発見の意義は明らかでなくても、知らなかったことを知る必要がある」

というものである。

「もしニュートンが木から落ちるりんごを不思議に思わなければ重力は知られず、もしアルキメデスが浴槽であふれる水を思案しなければ『ユリーカ』という叫びを聞いていな

かったかもしれない。しかし、彼らは必ずしも高尚な動機によって考えたわけでなく、また発見した原理の有益な応用を見越していたわけでもないであろう。知らなかったことを知りたかったのである」

と書いてあって、私は嬉しくなった。

モファット先生も私も、何かの役に立てるために研究したわけでなく、ただ不思議な現象を理解したかっただけである。

もっとも、今回の発見が将来なんらかの意味で役立つ可能性は否定できない。ちっぽけなどんぐりから、巨大な樫の木は育つのだ。例えば、今回解明された謎から何か一般的な原理が発見できるかもしれない。

ゆで卵が立ち上がるためには摩擦による全エネルギーの減少が不可欠であったが、その場合に位置エネルギーは増加するのである。一般に、エネルギーが散逸する物理系特有のエネルギー分配法則があるかもしれない。

またひょっとしたら、回転卵の研究は自転する地球の運動解明に寄与する可能性がある。地球の中心には流動する外核とよばれる層があり、自転する地球は回転する生卵とよく似ているのである。

その意味で、今回解かれた回転ゆで卵の運動は、回転生卵の、そして地球の運動へと繋がるかもしれない。次章で説明するように、物理学者の寺田寅彦は金米糖から生命の起原を論じたが、私は卵から地球を夢見ている。

第六章

身近な不思議

大学で教えていること

私は大学で文科系学生を対象とした「物理学」という授業を担当している。「素朴な疑問に答える物理学」という副題の、実験と講義で構成する授業である。

講義では、誰もが抱く素朴な疑問や一見当たり前だけれど実は意外な答えの潜む問題をとりあげる。それらに対して物理学がどのように答えるのか、実演を交えて解説するのである。その中で自然科学を学ぶ楽しさを味わってほしいと願っている。

一例を挙げると、「金米糖の角《ツノ》の数は本当に三十ほどか?」という課題を取り上げたことがある。金米糖と物理学がなぜ関係あるのかと思われるだろうが、この問題は私の敬愛する寺田寅彦の随筆にも登場する古典的なテーマである。

「この金米糖のできあがる過程が実に不思議なものである。(中略)中に心核があってその周囲に砂糖が凝固してだんだんに生長する事にはたいした不思議はない。しかし、なぜあのように角を出して生長するかが問題である」

「そういう意味から、金米糖の生成に関する物理学的研究は、その根本において、将来物理学全般にわたっての基礎問題として重要なるべきあるものに必然に本質的に連関して来るものと言ってもよい」

「金米糖の物理から出発したのが、だんだんに空想の梯子《はしご》をよじ登って、とうとう千古の秘密の謎である生命の起原にまでも立ち入る事になったのはわれながら少しく脱線であると思う」(『寺田寅彦随筆集 第二巻』、寺田寅彦著、小宮豊隆編、岩波書店、1993)

つまり、なぜ金米糖にあのような角ができるのか、完全には解明できていないのだ。しかも、角の数を数えるとほぼ三十で一定になっているのだが、その理由も定かではない。たかが金米糖と侮ってはいけない。生命の起原に迫るかもしれない、かくも深遠な真理を含んだ問題なのである。

寺田寅彦
(1878-1935)

提供:高知県立文学館

また、講義では線香花火についても言及する。寺田寅彦は、これに関しても示唆に富んだ随筆を残している。

「実際この線香花火の一本の燃え方には、『序破急』があり『起承転結』があり、詩があり音楽がある」

「このおもしろく有益な問題が従来だれも手を着けずに放棄されてある理由が自分にはわかりかねる。おそらく『文献中に見当たらない』、すなわちだれもまだ手を着けなかったという事自身以外に理由は見当たらないように思われる。しかし人が顧みなかったという事はこの問題のつまらないという事には決してならない」

「西洋の学者の掘り散らした跡へはるばる遅ればせに鉱石の欠けらを捜しに行くもいいが、われわれの足元に埋もれている宝をも忘れてはならないと思う。しかしそれを掘り出すには人から笑われ狂人扱いにされる事を覚悟するだけの勇気が入用である」(『寺田寅彦随筆集 第二巻』、寺田寅彦著、小宮豊隆編、岩波書店、1993)

寺田寅彦は、日本固有の身近な不思議に対する感性と独自に研究する重要性、そしてそれを実行する勇気の必要性を指摘しているのだ。

文科系の学生に対しては、理科系の学生と同じように数式を多用して物理を教えるわけにはいかない。そこで私は、テレビ番組で取り上げられた現象を例に出す。

例えば「噴水で浮き上がるビー玉」、「水道について行くピンポン玉」、「網で割れるミカン」等である。これらを紹介すると、文科系の学生も目の色が変わって、真剣に聴講するようになる。

物体の落下運動もそのような方法で説明している。ある高さから落ちた場合の衝撃も一例であるが、それ以外にも「一マイル先の婦人を銃弾が直撃した」という事件があった。アメリカのある丘で、若者が撃ったライフルの弾が一マイル離れた場所で日光浴していた女性に命中したという。

この事件を取り上げる番組は、次の二点を知りたがっていた。「実際一マイルも飛ぶのであろうか？」と「当たるとしたらどのくらいの確立か？」である。

この問題に答えるのは非常に難しい。なぜなら、銃弾に加わる空気抵抗が不明だからである。風雨等の気象条件を無視しても難問なのである。

通常、銃弾は音速を超えた速さで銃を飛び出すが、その後空気抵抗によってスピードが落ちる。この状況の違いは、運動特性を大きく変え、別個の取り扱いが必要となるのである。おまけに銃弾の形状は複雑であり、そのデータも入手できなかった。

したがって、この問題に対する最も正直な答えは、「わからない」である。しかし、それだけなら子供でも答えられる。

そこで、あえて解析可能な条件を仮定して解析を試みた。それでも、答えを得るためにはコンピュータを援用せざるを得なかった。

このようにして得た私の結論は、「角度によっては一マイル届き、一マイル飛ぶ角度が二つある」と「当たる確立は約一千万分の一である」。

この結論がどの程度現実的かわからないが、この種の問題を例に講義すると学生たちの反応も違ってくる。

また学期中に、次のような自由研究レポートを課している。

「身近な現象や機器の中で、日頃から不思議に思っていたり、興味を覚えたりするものについて、その原理や機構を物理学的（実証的かつ論証的）に調べ考察せよ。」（理論的に説明が難しい場合でも、実験を行うことが望まれるので、実験が可能なテーマを選ぶこと。）

このレポートは、後期の授業中にその内容を学生本人が発表し、それについて皆で議論するのが通例で、毎年なかなか興味深いテーマが提出されている。

例えば、「ブランコを立って漕いだ場合、ぐるりと一回転できるだろうか？」という問題が提起されたことがある。

いくつかの条件を仮定した結果、漕いでいる人間の膝の上下する距離が鎖の長さの半分を超えた場合には一回転することがわかった。

しかし、実際にはそんなに膝を大きく上下動させることなどまず不可能である。

また、「ドミノ倒しの牌が倒れていく速さはどう変化するか」という、一見単純に思える問題も、いざ取組んでみると簡単には説明できないことがわかった。

当然、静止状態からスタートして次第に加速していくのだが、ある一定のところで頭打ちになり、その後は同じスピードで倒れていくのである。

そのことはコンピュータで計算できるのだが、その様子を簡単な数式で表現しようとすると難しい。もし研究を深めることができれば、それだけで論文を書くことも可能な問題だと思う。

実際そのような例がある。二〇〇四年一月発行の『ネイチャー』に、クラネットらによる「水切り」に関する実験的論文が掲載されたのである。

「水切り」とは、平たい石を水面に向かって浅い角度で投げると、何度も跳ねながら水面を渡っていく現象である。

何千年もの間続いている、万国共通のちょっとした遊びである。その論文によると、水面を跳ねた回数の世界記録は三十八回とのことである。

そして論文の発見は、

「平たい石をなるべく多数水面で跳ねさせるには、石と水面の成す角度を二十度に保つことである」

という事実である。

以前から何人かの学生がこの現象をレポートのテーマとして取り上げていた。私の学生が論文を書かなかったのは大変残念であるが、プロの研究者によって近年科学的に分析されたというわけだから、「水切り」をテーマとした学生は、目のつけ所が大変優れていたといえる。

もう一つ、「水中から飛び出るボールの高さ」というテーマも秀作だった。ゴムボールを水中に沈めて手を離すと勢いよく飛び出ていくが、ボールが水面から上がる高さはある段階まではボールを沈める深度に比例する。

しかし、ある深さ以上になるとボールは真っすぐ上がらなくなり、距離が伸びなくなるのである。それはなぜなのか?

じつは流体現象が関係する問題であり、ある一定の深さ以上になると、ボールが水中を浮上する間に「カルマン渦」と呼ばれる渦が生じる。

この渦はボールの左右から交互に発生するため、ボールは途中から左右にぶれ始めて結果的に真っすぐ上がらなくなるのである。

学生がこの疑問になぜ思い至ったのかは不明だが、よく観察していると言える。これも、解析を加えていくと立派な物理の問題になった例である。

その他、ここでは全てを紹介しきれないが、「砂時計の落ちる砂と開いたドアから出る電車乗客の類似性」、「お好み焼きを上手にひっくり返す方法」、「バナナの皮を踏むと本当にすべるか」、「ソフトクリームが渦巻く理由」等々、多くの興味深いレポートがある。

後期の講義では、アインシュタインによって作り上げられた相対性理論を概説している。相対性理論は一九〇五年に発表されてから、現在ほぼ百年が経過した。

時間、空間、物質を対象とするこの美しい理論は、単純な原理から私たちの常識を覆す結論を導き出し、現代宇宙論のよりどころとなっている。

この理論をとりあげることは、「身近にある物理学」という講義の趣旨に一見反するようであるが、実は整合している。

この偉大な理論の創造も、アインシュタインが十六歳のときに見た夢の中の素朴な疑問から始まったからである。それは「光と同じスピードで走って光を眺めたら光は止まって見えるだろうか？」という問だった。

私は、この講義を通して学生たちが次のようなことを学んでくれるとよいと思っている。素朴な疑問の後ろに大きな発見が隠れていること、世の中は不思議だらけであること、毅然として自分の考えをもつこと、そして安易に何でも信じないこと、である。

以下に私が講義している内容の一部を披露しよう。

ゾウとシカ

ゾウとシカはよく知られた動物である。どちらも四つ足の動物であるが、それらしく絵を描くためには、それぞれ特長を捉えなければならない。ゾウには大きな耳と長い鼻は欠かせないし、シカには二本の角と房状の尻尾が特徴である。

しかしここで注目したいのは大きさと形である。ゾウの体は大きく、またその足は太い。一方、シカの体は比較的小さく、その足は細い。つまりゾウはずんぐりとしているが、シカはほっそりした体形である。

生物の多様性といえばそれまでであるが、カバやイヌ、あるいはサイとネコなどを比べても同じ違いがある。一般に、大きな動物ほど体の大きさと比べて足が太いようである。(ただし、キリンは例外で、首が異常に長く足は細い不思議な動物である。)

どうしてこのような違いがあるのだろうか?質問を替えれば、ゾウくらいの大きさのシカはどうしていないのであろうか?

この問いに答えるには、まず足の太さは何によって決まるのかを考える必要がある。その場合、当事者であるゾウやシカの身になって考えることが重要だが、足の太さを変えることは難しい。

そこで、スニーカーとハイヒールをそれぞれ履いて、同じ時間だけ歩いた場合を想定してみよう。

私も含めて男性諸君は経験があまりないだろうが、ハイヒールを履いた場合のほうが断然足に痛みを感じるはずである。

満員電車に乗っていてハイヒールのかかとで踏まれた場合を考えればわかりやすい。また歩く場合も、スニーカーのほうが安定していて楽なことは明白だ。

これらの違いは、スニーカーとハイヒールの地面に接触する面積の大小によるものである。

つまり、同じ体重でも体重を支えている面積が重要なのである。この違いを表現する量が圧力であり、体重を底面積で割った量として定義される。

加わる圧力は、スニーカーのほうがハイヒールよりずっと小さいのである。ゾウやシカも痛みなく歩きやすいほうを好むだろうが、足にかかる圧力の大小は好き嫌いだけでなく、極端にいえば生存条件も左右するであろう。

そこで、足の太さは足にかかる圧力で決まると仮定しよう。

ではその圧力は大きさとどのような関係にあるのだろう。この種の問いに簡単に答える方法がある。スケールに着目する方法である。

今、大きさ（長さ）Lのシカを考えてみよう。Lは頭から尻尾までの長さ（体長）でも足下から肩までの高さ（体高）でもよいが、そのおおまかな大きさを表現する長さとしよう。

動物の体を構成している物質の密度が大きさによらず一定だとすると、その場合体重Wは体積に比例する。すなわちL^3に比例するのである。

一方、その体重を支える足の底面積Sは、シカという形を決めれば、L^2に比例するはずである。

したがって、P=W/Sで定義される圧力Pは、$L^3/L^2=L$に比例することになる。すなわち、足にかかる圧力は動物の大きさに比例するのである。

三倍の大きさのシカは三倍の圧力を足に感じる。ゾウのように大きいシカがいない理由は、このように簡単な説明ができるのである。

スケールの物理学

この種の議論が有効な例は他にもある。小暮陽三著、『入門ビジュアルサイエンス　物理のしくみ』に解説されている酸性雨もその一つである。

酸性雨とは、名前のとおり酸性度の強い雨のことで、人体に悪影響を及ぼす。野外に展示されているブロンズ像が融けて形を崩すのも酸性雨のせいである。

雨が酸性になるのは、工場や自動車から排出されるＮＯＸやＳＯＸと呼ばれる物質が、雨粒と化学反応してその中に水素イオンを生成するからである。その意味で環境汚染の一つである。

酸性度は水素イオン濃度で測られ、PHという単位が用いられる。PH7.0が中性で、それより小さいと酸性、大きいとアルカリ性に分けられるが、酸性雨とはPHが6.5未満の雨と定義されている。

一九五二年にロンドンで発生した酸性雨は、呼吸器や心臓の疾患により四千人が死亡、二千人が入院するという大惨事を招いた。どうしてここまで多数の被害者が出たのであろうか。実は雨粒の小ささが原因であった。

ロンドンは霧の都として有名であるが、とりわけそのときは強い酸性（PH1.4〜1.9）の霧が四十二日間もたちこめていたのである。観測によると「雨粒が小さいほど酸性度が高い」。それはなぜだろうか。

この事実も、先ほどのようにスケールに着目すると簡単に説明できる。一見、雨粒が大きいほうが化学反応も起こりやすいので酸性度が高くなりそうに思える。しかし酸性度とは水素イオンの絶対数ではなく、その濃度であることに注意すべきである。

いま雨粒の形を球と仮定し、その半径Lとしてみよう。化学反応は雨粒の表面で生じるから、その反応率は表面積に比例するはずである。

つまり、化学反応によって生成される水素イオンの数はL^2に比例するといえる。予想どおり大きい雨粒のほうが水素イオンの数は多いのである。

しかし、酸性度はその濃度であるので、数を体積で割らなければならない。体積はL^3に比例するので、濃度は$L^2/L^3=1/L$に比例することになる。つまりLに反比例するのである。

これはまさに「雨粒が小さいほど酸性度が高い」という事象を説明している。以上のような説明は「スケール解析」と呼ばれ、物理学で用いられる基本的思考法の一つである。

複雑に思える事象も、その本質的な部分を抽出してモデルを作ってみると、案外簡単に説明できるようになる。

先ほどのゾウとシカの話も、生物学的には別の説明が成り立つであろうが、物理学では大きさと形に注目してモデルを組み立てる。私の講義では、そのモデルの作り方を教えているのである。

これまでは、長さスケールの一、二、三乗等、整数乗の関係であったが、そうでない法則もある。

本川達雄著、『ゾウの時間 ネズミの時間―サイズの生物学』という本に、動物の特徴的時間はその体重の1／4乗に比例するという経験則が指摘されている。

この経験則が正しいとすると、寿命や心臓の打つ周期も動物の特徴的な時間であるから、ともに体重の1／4乗に比例することになる。

したがって、動物が一生の間に成す心臓鼓動の回数は動物の大きさによらない、という驚くべき結果を予測する。哺乳類ではどの動物も死ぬまでに心臓は二十億回打つそうである。

また、西山豊著、『サイエンスの香り─生活の中の数理』という本に「ラーメンのスープ」という話が載っている。

近頃は、カロリーや摂取塩分を制限する傾向があり、ラーメンのスープをすべて飲み干す人はそう多くないだろう。それはスープの量が多いと感じるからであろうが、「実際スープをすべて飲み干してみると、案外少なかったと感じる」というのである。

人間がラーメンスープの量として知覚するのは、スープの体積Vではなく、不透明なラーメン鉢の上から見えるその表面積Sである、という仮説を著者の西山豊氏は立てた。

その上で、体積Vは表面積Sの二・五乗に比例するという結果を導き、上記経験則を説明している。

空間も、通常は〇次元（点）、一次元（線）、二次元（面）、三次元と整数次元であるが、整数でない数の次元は考えられないのであろうか？これも素朴な疑問である。

実は、ある構造をもった図形（空間）の場合考えられるのである。それは「自己相似」と呼ばれる構造である。

合わせ鏡をすると、映った像は無限の入れ子になる。マトリョーシカというロシア人形も次から次へと同じような人形が多数入れ子になっている。

また「笑う牛」というフランス産円形チーズのラベルには、笑う牛の耳にやはり同じチーズがぶらさがり、そのチーズのラベルにはまた笑う牛が描かれている。これらは、部分を拡大すると全体になるという意味で自己相似なのである。

自然界にも近似的に自己相似な図形は多く見られる。雲、海岸線、ガラスのひび割れ、川の分岐、等々はその一部を拡大すると全体と非常によく似ている。

このような自己相似図形は、ゾウやシカの場合と違って特徴的な長さを持たない。そのかわり図形を特徴づける次元が定義できる。そしてその次元は必ずしも整数ではない。例えば海岸線は一・四次元、星の分布は一・六次元などである。このような半端な次元をもつ自己相似な図形はフラクタルと呼ばれている。

擬似科学

いわゆる占いは当たるのだろうか?誰もが抱く素朴な疑問であろう。私は特に姓名判断に興味をもった。これが当たると困るからである。

姓名判断では、姓名の漢字画数を運勢判断の指標としている。したがって、アルファベット等の名前を有する人には適用できないという制約があるものの、比較的客観性の高い占いである。

ノストラダムスの大予言は詩で書かれているため、その解釈によって予言の的中率が変わる。これなどは客観性の低い占いであり、科学の土俵にのりにくい。

姓名判断において最も重要な画数は、姓の最後一字と名の最初一字の画数の和で、人運格とよばれる数である。私、下村裕の場合は、村が七画で裕が十二画なので、人運格は十九画となる。

困ったことに、姓名判断ではこの十九画は大凶数だそうである。決してつけてはいけない画数で、将来犯罪をしでかすとか哀れな末路をたどるとか、良いことは一つもないという。これでは私の立つ瀬がない。

この驚愕の事実は、私が純真であった小学生時代に露呈した。親がどうしてこのような名前をつけたのか、問い詰めたこともあったと思う。

今までこれといった不幸なく生きてこられたのだが、これから不幸がやってくるのだろうか？こんな不安をいつも心の片隅に隠して成長した。

「姓名判断など当たらない」

と思っても、積極的に否定する証拠が無かった。そこで、学生諸君といっしょに姓名判断を科学的に検証してみることにした。

最初の講義ではこのような「擬似科学」をテーマにしている。擬似科学とは、科学ではないのだが科学であると称している学説や信念体系である。

具体的には、予言、占い、超能力、バイオリズム、「ＵＦＯ」、心霊術、等々を含んでいる。

言うまでもなく物理学とは無関係の世界である。しかし、一般に言われることを安易に信ずるのではなく、何事も自分の頭で考えその真偽を判断することの重要性を伝えるのが目的である。また、偽の科学を分析することによって、真の科学を浮き彫りにしたいと思っている。

疑うことを知らなかった子供時代、私も超能力を信じていた。超能力者ユリ・ゲラーが来日し、スプーン曲げが流行った頃である。

テレビの特番に登場したユリ・ゲラーは、スタジオから全国の視聴者に向けてテレパシーを送ると言う。そして、壊れた時計があったら、念じながらテレビの前で手のひらに握るよう指示した。

興味津々で見ていた私は、以前に壊れた古い腕時計を捨てられず引き出しに保管していることを思い出した。ズボンのポケットに入れたまま、うっかり洗濯機で洗ってしまったため、針が動かなくなったものである。

そこで、引き出しからその腕時計を取り出し、あわててテレビの前に戻った。間も無くユリ・ゲラーが瞑想してテレパシーを送り始めた。私も彼に従って、時計の針が動くように念じながらその腕時計を握り締めた。

三十秒ほど経過したときに異変が起きた。なんと、止まっていた腕時計の針が突如動き出したのである。わが目を疑ったが、時計の針は間違いなく時を刻んでいた。

「きっとユリ・ゲラーのテレパシーが届いて奇跡を起こしたに違いない」

と私は思った。ちょうどその頃から、壊れた時計が動き出したという報告の電話が、番組に殺到した。

動き出した私の腕時計は一時間ほどでまた止まってしまった。しかし、この驚くべき経験によって私はすっかり超能力を信じ込んでしまった。

実際、このテレビ特番の後一週間ほど、私は折に触れスプーンをこすり続けたほどである。けれどもこの試みは失敗に終わり、残念ながらスプーンは曲がらなかった。

「ユリ・ゲラーのテレパシーが無かったためかもしれない」

と私は思った。

単純だった当時の私はわからなかったが、賢明な読者はすでにお気づきかもしれない。これは確率を利用したトリックである。

止まったまま放置されていた腕時計は、取り出されることによって急に振動が加えられたり、あるいは手に握られることによって温度が急上昇したりする。このような刺激のために腕時計の針がまれに動きだすことは、誰しも経験するところである。

そのまれな確立が仮に一パーセントだったとしよう。また、特番の視聴率は高いので全国で一千万世帯が観ていたとしよう。

この場合、壊れた時計を実際テレビの前で握った世帯がその三割、つまり三百万世帯であったとすると、時計の針が動きだす世帯数は三万となるのである。

そして、その中でテレビ局に通報する世帯の割合が一割だとしても、その数は三千に上る。いっときに三千件の電話があれば、電話が殺到していると言えるのである。

つまり、私の体験した「奇跡」は、大きな数を利用して偶然を必然に見せかけるトリックであったのだ。これは、ユリ・ゲラーでなくても、手品の上手な人なら誰でもできる超能力マジックである。

物体が重力によって落下する様子を、逆さまにしたCCDカメラで撮影すると、あたかも反重力が生じたように見える。これなども安っぽいトリックである。

テレンス・ハインズ著、井山弘幸訳、『ハインズ博士「超科学」をきる—真の科学とニセの科学をわけるもの』という大変興味深い本がある。ハインズ氏は擬似科学が持つ四つの特徴を挙げている。一、反証不可能性。二、検証への消極的態度。三、立証責任の転嫁。四、自説は絶対かつ不動であるとの信念。

具体的説明は原書にあるので省略するが、何か新しい考えや信念に出会った場合、この特徴がないか検討するとよい。一つでも該当すれば、疑ってみる必要がある。逆に言えば、科学とはこの特徴のいずれも有していない体系である。

クラーク博士は

「少年よ、大志を抱け」

と言ったけれど、私は

「諸君よ、懐疑的であれ」

と言いたい。信じることは尊いけれど、大人は信じるに値するかどうかを検討してほしい。そのためには懐疑的に考えることが有効なのである。

ハインズ氏によると、擬似科学を認識すべき理由も四つあるという。一、それは事実かもしれない。二、真偽を一般に広報する責務がある。三、心理学的な問題を解明する必要がある。四、無批判に受け入れる態度は危険である。

この中で二と四は特に重要である。高価な仏像の購入、根拠のない心霊手術、実証されていない栄養食品、等々。そして中世ヨーロッパの魔女裁判やナチスによる人種理論は、二と四を忘れた結果起きた大きな悲劇である。このようなことが繰り返されないように、私は授業で擬似科学をとりあげているのである。

さて、姓名判断の検証に話を戻そう。

十九画のような凶数といわれる人運格をもった人が、特に不幸であるかどうかを調べたかった。

この場合、不幸という状態の定義が難しい。同じ出来事でも、人によって幸福であったり、不幸であったりするからである。この調査では、不慮の事故や自殺によって死亡した場合を不幸と定義した。

まず、乱数を利用してでたらめ（ランダム）に千人程度の名前をサンプルする。

そしてそれらの人々の人運格を調べその度数分布表を作る。画数を横軸に、該当する人数を縦軸にとった、ランダム人運格のヒストグラムである。その結果、十三画付近にピークをもった山型の分布となることがわかった。

次に、過去何十年分の新聞三面記事から、不慮の事故や自殺によって死亡した人の名前をやはり千人ほど抽出した。そして同じように、死亡者人運格のヒストグラムを描いた。

その結果、十五画にピークをもつ山型の分布となった。こう書くと、人運格が十五画の人は不安になるかも知れないが、心配はいらない。ランダム人運格と比べると細かな部分は違っても、大まかに言えば同じ形となったからである。

つまり、不幸な人の人運格に特別な画数は無く、自然な画数分布を反映しているにすぎないのである。

もし、私の有する十九画が本当に凶数であるならば、そこで大きなピークが出るはずである。しかし、十九画は山型分布の中腹を形成しているだけで、特に変わった事はなかった。

実は物理学において、十九画で大きなピークが出ることと同様の変事が観測されることがある。光をプリズムに通すと虹色に分かれることはよく知られているが、光を出す物質によってある色がとても強く検出されるのである。

その様子は、光のスペクトルとよばれるグラフで表せる。横軸に色を表す光の振動数、

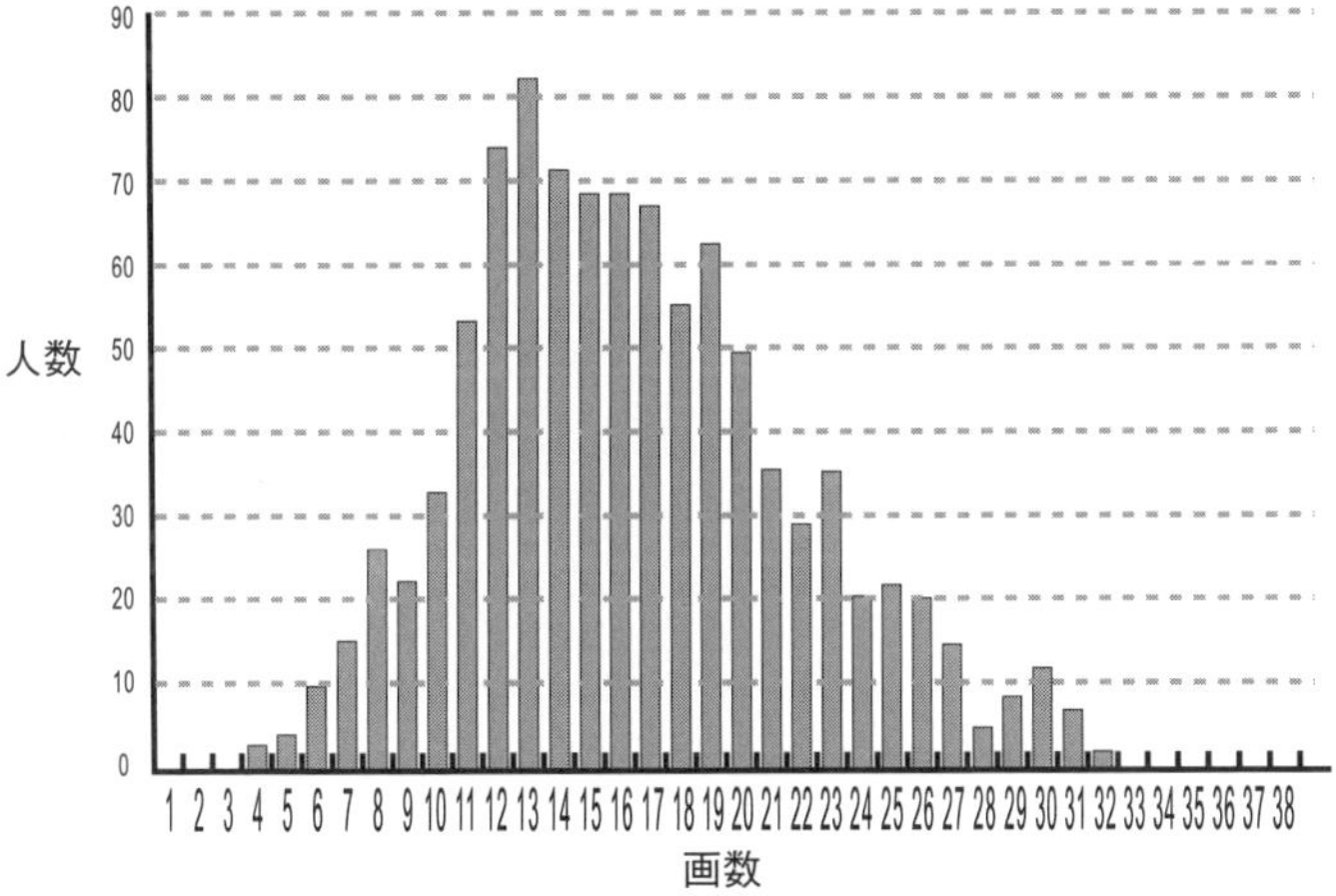

上）ランダム人運格
下）死亡者人運格

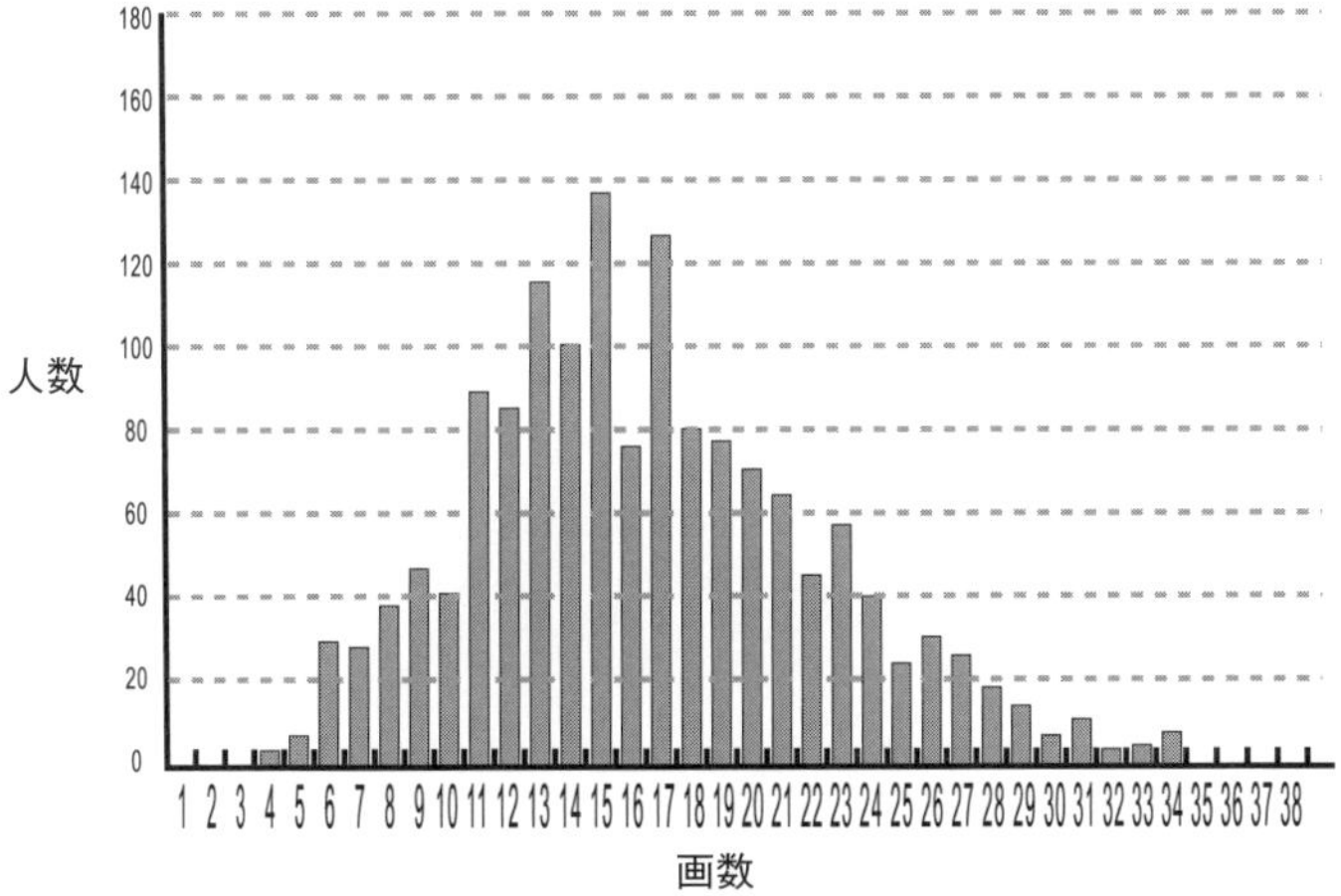

縦軸にその強度をとったヒストグラムである。

強く検出される光は、グラフの中に聳え立つ大きなピークとして現われた。これは尋常なことでなく、その背後に何か大きな自然の法則が潜んでいる可能性が高い。

実際、この現象を突き詰めていった結果、二十世紀物理学の二大革命の一つである量子力学が生まれたのである。

幸か不幸か、姓名判断ではこのような異常現象が観測されなかった。結局、姓名判断には根拠がないのである。私の残りの人生に陽光が差したようであった。

流れの話

私の専門は流体力学なので、流れが関係する身近な話題も講義している。その中からいくつか紹介してみよう。

まず「浴槽に水を張る問題」である。木田重雄氏の著書『いまさら流体力学?』に解説されているが、一見簡単そうで実はそうでもない例として私の講義でもとりあげている。

「ある浴槽に水を張るとき、排水口の栓をして水道からの水で満水にするまで二分間(=Tin)。また、満水の状態から水道を止めて排水口の栓を抜くことで、水が完全に無くなるまで三分間(=Tout)かかる。ある日この浴槽に水を張ろうとしたが、うっかり排水口の栓をしないまま水道から水を出してしまった。この場合、浴槽が満水になる時間を求めよ」という問題である。

なんでもこれは中学入試で出題された算数の問題であったようだ。(実際、私の授業クラスに入試でこの問題が出たという学生がいた。) つまり小学生が解く問題として出されたわけである。たぶん、六分と答えれば正解とされたのであろう。

一分あたりに入る水の量は、満水量を1とすると、1/2 − 1/3 = 1/6という推論から得られる結論である。

そこでさっそく実験してみた。すると、六分どころかいつまでたっても水は満水にならないことがわかる。あえて入試問題に答えるとすると、「無限の時間」という答えが正解なのである。

どうしてこのようなことが起こるのだろうか?先の推論のどこがいけないのだろうか?勘のよい人、あるいは観察力の鋭い人は、すでにお気づきかもしれない。そう、水が排水口から単位時間に出る量(流量)は一定でないのである。

水道から入ってくる流量は一定だが、出て行く流量は残っている水量が多いほど大きいのである。(「ベルヌーイの定理」を適用すると、流量はその時点での水深の平方根に比例することが結論される。)

上記の推論の間違いは、単位時間あたりに出て行く量を1/3としてしまったところにあったのだ。1／3は流出量の平均でしかないのである。

では、どうしていつまでたっても満水にならないのであろうか？この問いに定量的に答えるのは難しいが、そのようなことが起こる理由をまず理解することが重要である。

これは実験をするとすぐ実感できるのであるが、単位時間に入ってくる水量と出て行く水量が同じであれば、水の深さはそれ以上変化せず一定になる。この事実に気づくことがポイントである。

そしてその一定になる深さが満水時の深さより浅ければ、いつまでたっても水は満水にならないのである。

このようなからくりは、頭で考えるだけでは難しいが、実験して現象を観察するとすぐに思いつく。この入試問題を作った算数の先生は、おそらく実験しなかったのであろう。詳しく計算してみると、**R**=(平均流入量)/(平均流出量)=Tout/Tin<2という状況ではいつまで待っても満水にならない。この問題の場合**R**=1.5であったのだ。満水になると推論した考え方では、**R**<1が満水条件となるが、それは誤りである。

浴槽に水を張る問題は、中学の入試問題としては不適切かもしれない。しかし、簡単な問題設定に常識外の答えが隠れており、また実験や観察の重要性を感じさせてくれる点では良問である。

もう一つ、「ブーメラン」にも流体力学が関係している。誰もが知っているブーメランだが、なぜ投げた物がもとの場所に戻ってくるのだろうか。初めてブーメランが戻ってくるのを見た子どもは、その不思議な運動に感動するに違いない。

投げた方向に飛んで行くのがニュートンの運動法則であるが、ブーメランは戻ってくるのである。前出の西山豊氏は、これに関しても著書『ブーメランはなぜ戻ってくるのか』の中で解説している。

実際にブーメランを投げるとわかるのであるが、初め垂直（縦）に回転するよう投げられたブーメランは水平（横）に回転しながら戻ってくる。

ブーメランが戻ってくる原理には、空気の流れが重要な役割を果たしている。真空中ではブーメランは戻ってこないはずである。

ブーメランの断面をよく見ると飛行機の翼のような形になっている。したがってブーメランは運動中、回転面に垂直な力（揚力）を受ける。その揚力はブーメランが受ける風の速さが大きいほど強い。

ここでブーメランの回転が重要となる。ブーメランはある方向に動きながら回転しているので、それと同方向に回る上部は揚力が大きく、逆の方向にまわる下部は揚力が小さい。この上下揚力差によってブーメランを回そうする効果が生まれる。

しかしブーメランは素直に回らない。実はそれとは垂直な方向に回転面を向けようとするのである。

回転するコマは、その軸を押し下げる力を加えても横に逃げる振る舞いをする。これはその現象と同様で、ジャイロ効果と呼ばれている。

ブーメランの回転面が徐々に変化すると、揚力がいつも軌道の内側に向くことになる。この力によってブーメランは曲線を描きながら戻ってくるのである。

ブーメランが横に倒れていく事実もジャイロ効果が原因とすると、作用する揚力に、今度は前後の差が無ければならない。

この前後揚力差は、高速で飛ぶブーメランでは十分考えられる状況であるが、まだ定量的にはよくわかっていないようである。

理屈はそのくらいにして、グラウンドに出て実際にブーメランを投げることにしている。理論と実際はなかなか一致せず、私もまだ二、三度しかブーメランをキャッチしていない。しかし、うまくキャッチできなくても、思いっきり投げたブーメランが戻ってくるのは愉快である。学生に好評の野外授業である。

講義では他にもいくつかの現象を実演している。その中の一つが「渦輪《うずわ》」である。「鳴門の渦潮《うずしお》」でお馴染みの、空気や水の回転状態を渦という。渦輪はドーナッツのような領域にある空気の渦であるが、空気がドーナッツの切口断面で回転している不思議な渦の形態である。

この渦は長もちしてすぐには消えず、かなり遠くまでその形のまま動いて行く。越後七不思議の一つとされる「鎌いたち」は、物に触れても打ちつけてもいないのに体に切傷のできる現象であるが、ひょっとしたらこのような渦輪の強いものが正体かもしれない。渦輪は通常見えないが、触れると空気の強い渦巻きが皮膚を擦るからである。

渦を見るためには、煙などによって空気の流れを観察する方法がある。実際、器用な喫煙家はタバコの煙で渦輪を作ることができる。

私はダンボールと線香を用いて渦輪を作っている。ダンボール箱の一つの側面に円形の穴を開ける。それ以外は空気のもれそうな部分にガムテープを貼って密閉する。そして線香を焚いてダンボールの中に入れる。煙いのを我慢して、煙が充満するまで待つ。

これを両手で抱えてその両横腹をドンと叩く。すると、円形穴と同じ大きさの渦輪がすっと一つ飛び出して行き、かなり遠くまで到達する。

横腹を叩くことで急激に空気ジェットが円形穴から流出するが、その穴の縁では空気は出ない。その結果そこで渦が生まれ、縁が円形なので渦輪になるというわけである。

講義では最後列の席にいる学生にライターの火をかざしてもらい、それをめがけて渦輪を送る。口から息を吹きだせばバースデーケーキに飾られたろうそくの炎は消せるが、この場合それができないほど遠くにライターの火がある。

首尾よく渦輪が火にあたれば炎が吹き消され、拍手喝采となるのである。

もう一つ単純な実演がある。これは、あるテレビ番組で紹介されたものであるが、「ペットボトルじょうろ」である。

作り方はとても簡単で、ペットボトルの底に小さな穴をいくつか開けるだけで準備完了である。ふたをはずして水を入れると底の穴から当然水が漏れる。しかし、ふたをすれば水はぴたりと止まるのである。ふたをゆるめればまた水が底から出てくる。

一リットルのペットボトルなら、水道のないベランダ等で大型じょうろとして重宝する。ただし強い太陽光線が当たる場合、反射光によってボヤを出してしまう事例も報告されているので注意が必要である。

しかし、ふたをするとどうして水が漏れないのだろうか？実は次節の「こぼれない水」の話しと関係するのであるが、ペットボトル内の圧力が鍵となる。

読者が考える前にいつも答えを述べてしまうと、考える機会を奪ってしまうので、この機構解明は読者に任せることにしよう。

素朴な疑問をもつ心

このような不思議な現象は、身のまわりにまだまだ潜んでいるであろう。

金米糖の角はどうしてできるのだろうか？線香花火はどうしてあんなふうに燃えるのだろうか？と寺田寅彦が考えたが、いまだによくわかっていない。光と同じ速さで走ると、光は止まって見えるのだろうか？相対性理論を生んだアインシュタインの素朴な疑問である。

棒切れを振るとブンという音が鳴るのはどうしてなのか。水道の蛇口を大きくひねると出てくる水が乱れるのはなぜだろう。このように、よく観察して考えてみると、何気ない日常に不思議が多くあることに気づく。

留学前にあるテレビ番組から問い合わせがあった。主婦が台所で見つけた現象だった。有名な手品に、グラスの口に紙をあてておけば逆さにしてもグラスの中の水はこぼれない、というものがある。

しかしその主婦によれば、紙の替わりに網を使っても水がこぼれないというのだ。隙間があるのにこぼれないのは不思議だったので、さっそく研究室の流しで試してみた。すると、網の目がある程度小さければやはり水はこぼれなかったのである。どうして水は落ちないのだろうか？この理由を聞かれたわけである。

紙を使った手品は、大気圧によって水が支えられるからだと通常説明される。トリチェリの実験は、高さ七十六センチメートルの水銀柱が大気圧で支えられることを示すが、水銀を水に替えた場合、なんと約十メートルの水が支えられることになる。

しかしこの説明だけでは、グラスの口を紙で覆わなくても水は落ちないことになる。もちろん実際は、紙がないと水が必ずこぼれる。浴槽の中に洗面器を沈め、洗面器の底を上にして水平に持ち上げるには力を要するが、この場合もかならず中の湯はこぼれる。水がこぼれない理由より、こぼれる理由の方がわからなくなってしまった。

「どうして水はこぼれるのだろうか?」

あたりまえと思っていたことが不思議になったのである。

同僚と議論した結果、「釣り合いの安定性」という観点が必要であることがわかった。釣り合いといっても二つの場合がある。「安定な釣り合い」と「不安定な釣り合い」である。第二章で説明した、山の頂上に静止しているボールと谷の底に静止しているボールを思い出していただきたい。

この観点をとると、水が空気の上にある状態は、いくら大気圧が下から支えても不安定な釣り合いであることが次の考察によってわかる。

風が吹いて水と空気の界面が乱れたとしよう。空気塊が乱れていったん水側に入り込むと、浮力のためにその空気塊はますます水中を上昇し、乱れを増長することになる。

一方、空気側に入り込んだ水も重力によってますます落下するので、これも乱れを増すことになる。すなわち、この釣り合いは不安定なのである。

反対に水が空気の下にある場合は、乱れてもその乱れを修復する方向に力が働く。したがって、この場合は安定なのである。

実際は、界面で表面張力という力もさらに働く。表面張力は表面積をなるべく小さくしようとする性質の力である。界面が乱れるとその表面積が増えるので、表面張力は釣り合いを安定化する方向に働く。

つまり、水が空気の上にある釣り合いは重力によって不安定化され、表面張力によって安定化されるのである。その綱引きによって釣り合いの安定性が決まる。

実は、風の波長が短いほど強い表面張力がはたらく。この事実に注意すると、ある波長より長い波長をもつ風では不安定、短い波長をもつ風では安定になることがわかる。洗面器の口は大きいので、大きな波長の風が生じ不安定なのである。

これこそが浴槽中の洗面器を持ち上げると湯がこぼれる理由である。当たり前のような現象であるが、こんな微妙な機構が働いているのである。

ではグラスの口に紙をあてた場合、何が変わるのであろうか。実は、紙があることによって風のような撹乱の影響を受けないのである。つまり乱れの種がなくなるのだ。

これらの点に気づけば、網を用いても水がこぼれない理由が推測できる。網目のところは固定されているので、そこでは乱れはないはずである。

ということは、乱れを起こす風の最大波長は網目幅の三倍程度である。したがって、もし網目が十分細かければ短い波長をもった風しか生じない。その場合、表面張力が重力に打ち勝って釣り合いを安定にすることができるのである。これが穴のあいた網でも水がこぼれない理由である。

この現象を詳しく扱った理論は、流体力学で「レイリー・テイラーの不安定性」と呼ばれており、釣り合いが不安定になるぎりぎりの波長が知られている。

水と空気の場合に計算してみると、流しで行なった実験と見事に一致する結果を得た。だいたい網目が八ミリメートル以下なら安定となるのである。

このとき、私は流体力学の威力を身にしみて感じた。レイリー・テイラーの不安定性は頭で知っていたが、こんな身近な現象を説明できることに驚いたのである。

不思議を感じる心

物理学は複雑な数式や膨大な数値によって展開される難しい学問、との烙印を押されがちである。確かに数式や数値が多用されるが、それはあくまで研究の手段や法則の表現にすぎない。物理学の目的は不思議の謎を解くことなのである。

「物質の究極は何なのか」、「鳥はどうして飛べるのか」、「宇宙に果てはあるのか」は誰もが問う素朴な不思議だ。一方、「水はこぼれる」、「弓を引くだけでバイオリンは音を出す」、「夜空は暗い」ことは一見当たり前に思えるが、よく考えると実はこれも不思議な現象なのである。物理はこんな不思議を感じる心から始まる。
ノーベル物理学賞を受賞した朝永振一郎は
「ふしぎだと思うこと　これが科学の芽です　よく観察してたしかめそして考えること
これが科学の茎です　そうして最後になぞがとける　これが科学の花です」
という言葉を残した。子供の頃、自宅近くの科学センターで出会った言葉である。
先人が咲かせた大きな花はとても美しい。しかし、手をかけて自分で咲かせた花はたと
え小さくてもいとおしいものである。
子供は
「どうして？なぜ？」
と繰り返し聞くが、忙しいとつい突き放してしまいがちである。なかなかできないことだ
が、そういう時に一緒に考える姿勢が重要である。
流体力学の世界的権威であった故今井功先生は、
「考えてもよくわからないことは、無理にわかろうとしない方がよい」、
「よくわからない話は、大抵どこかがおかしい」
と言ったそうである。
これらは、明快さを追求した研究者である今井先生らしい言葉である。すっきりとわか
るまでは頭のなかに疑問として残し、簡単な言葉で説明できて初めて理論が完成するとい

う意味であろう。

ジェレット定数存在の仮定なしには回転ゆで卵が立つ機構をいまだ明快に説明できない私は、今井先生の第一の言葉に救われる一方、第二の言葉の厳しさを痛感している。

これら今井先生の名言は、科学者でない一般の人にも不思議をそのまま素直に受け入れる勇気を与えてくれる。

成長するにつれて素朴な疑問をもつ心を徐々に失いがちだが、大人も不思議に対する感性を大切にしたいものである。

好奇心をもって注意深く身の回りを眺めれば、きっと違った世界が見えてくることであろう。もっともそのためには大きな努力が要るかもしれない。何しろ現代は、目まぐるしく変化する複雑な時代である。

しかし、たまには車に乗らずに歩いてみよう。車に乗れば早く目的地に到着できるかもしれないが、歩けばその代償に様々なことが体験できる。

ラジオのつまみをじっくり回しチューニングした時やっと聞こえる放送がある。

人と違っていても良いのではないだろうか。自分の人生を自分の速さで歩んで行きたいものである。

第七章

未知現象

空跳ぶ卵

モファット先生がパリに発った二〇〇一年十二月に話を戻そう。私は、摩擦力の問題はさておき、ジャイロスコピック解と数値シミュレーションの結果を比較することにした。数値シミュレーションのプログラムはすでに作っていて、これまでも結果の妥当性は確認していた。しかし今回は、ジャイロスコピック・バランスが成り立つための、速い回転速度の条件を課す必要があった。いままでの数値シミュレーションでは試していない領域であった。

そこで、クーロン摩擦を想定したプログラムを、回転数を一秒間に五十回転として実行した。すると、計算が異常終了してしまった。

回転数が大きいために数値的不安定が生じたのかもしれないと思い、時間刻みを半分にして再計算した。ところがやはり異常終了するのである。

もっと時間刻みを小さくしたが、同じ結果であった。しかし、あっという間に異常終了するわけではないので、計算の初期は問題なさそうだった。

そこで計算時間を短くして、そこまでの結果を見てみることにした。計算時間を五分の

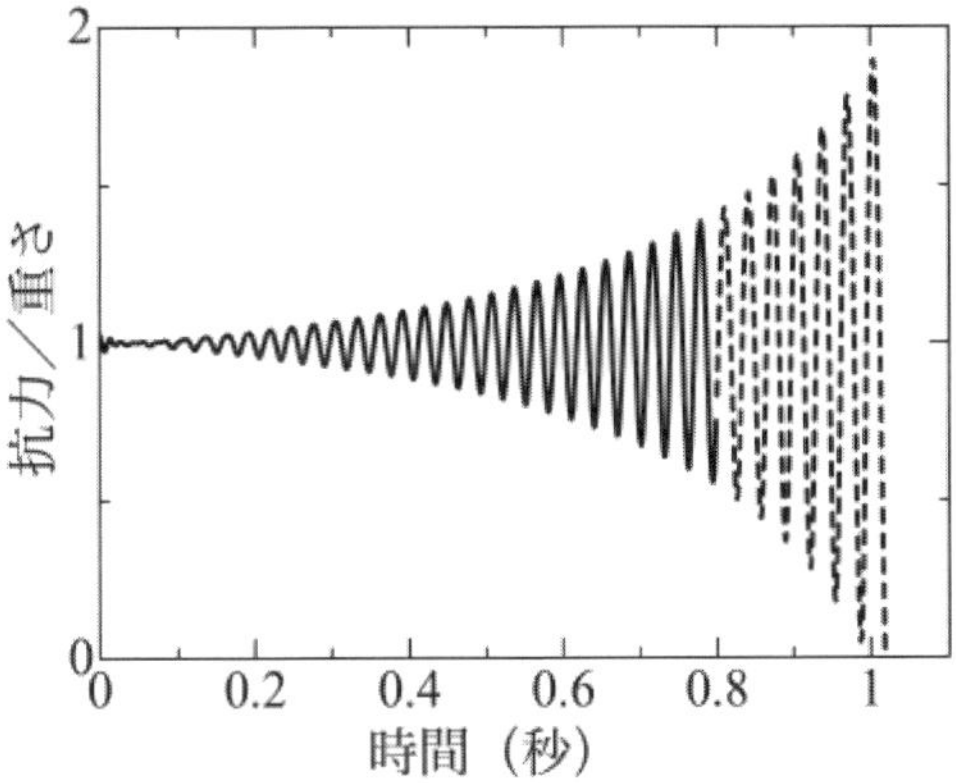

抗力の時間変化

一にして実行してみると、今度は正常終了した。

その結果、対称軸が鉛直線と成す角θの時間変化をグラフに描くことができた。すると、九十度から四十五度付近まで変化する曲線が得られた。特に変な事は起こっていないように思われた。

念のため他の物理量もグラフに描いてみた。回転楕円体が接触面から受ける抗力のグラフを描いたとき、驚くべき事実に気がついた。

抗力は物体の重さのまわりに振動していたのだが、その振動の振幅が時間とともに増幅しているのである。

もっと計算を進めると、ゆらぎによって抗力が零となる状況が容易に予想できた。つまり抗力が無くなるのである。物体が宙に浮いている場合はもちろん抗力がないので、物体が接触面から離れて浮き上がる可能性があるということになる。

大げさに言えば、「空跳ぶ卵」が実現するかもしれないのである。「フライドエッグならぬフライングエッグ」という英語の冗談まで思いつく。

さっそくそのような場合にも対応できるプログラムを作り、計算時間をもとのように長くして再度試してみた。すると今度は正常終了した。

抗力のグラフを書いてみると、やはり零を横切る時点が認められた。そして物体とテーブル間の最短距離を描くグラフは、抗力が零となった時点以降、とても小さい値であるが正の値を示していた。これは物体の微小なジャンプを意味していた。自己誘導跳躍とも呼べる現象である。

未知現象であった。ある回転数を超えた場合に卵は立ち上がるだけでなく、自力でジャンプする――まったく考えてもみなかったことである。もちろん、これまで読んだどんな書物にも書かれていない事実だ。

ジャイロスコピック解は、ゆっくりと変化する現象だけに注目して得られたもので、物体はかならずテーブルに接触していると仮定していた。ところが、回転が非常に大きい場合には、それまで無視されたゆらぎが現象を質的に変えてしまうのである。

粘性摩擦の場合にも同様のことが起こるか調べて見た。するとクーロン摩擦がジャンプを起こす程度の回転数では起きないようであった。しかし、非常に大きな回転数では、やはり同様のジャンプが確認された。

私はこの結果を報告するため、空跳ぶ卵という題名の電子メールをモファット先生に送った。パリにいた先生から、状況を問い合わせる内容の返事が来た。

私はさらに詳しく説明した。しかし、卵がジャンプするとはさすがに信じられないようで、

「ジャンプしていれば着地時に衝撃音が鳴るはずだが、実際そのような音は聞こえない」

と、私の発見には懐疑的であった。

それでも私は信じていて、この日からしばらくこの驚くべき現象の詳細を調べた。目には見えない程度の微小なジャンプであるが、数値シミュレーションによれば、さまざまな状況で宙に浮いているわずかな瞬間があった。

けれどもこの時点では、立ち上がる理論をまず論文にすることが先決問題であったので、ジャンプの研究は後回しにせざるを得なかった。

ジャンプ理論

『ネイチャー』に回転卵の立ち上がり理論が掲載された後も、すぐにジャンプの研究に専念できなかった。立ち上がり理論の基礎となった軸対称物体の回転安定性を、まず論文にまとめる必要があったからである。

掲載されたわずか一ページ半の論文の背後には膨大な安定性解析があった。そのため、二〇〇一年の暮れあたりから、すでにジャンプに関する論文も書き始めていたのであるが、回転安定性をまず論文出版しておく必要があったため後回しになっていたのである。

軸対称物体の回転安定性はかなり多様であり、その豊富な結果をすべて公表するのは相当骨が折れると思われたが、重要な結果なので是非論文にしたかった。特に、回転卵が傾いた状態の安定性は、誰も知らない複雑な結果であると信じていた。

二〇〇二年夏、家族ともどもケンブリッジを訪れることになった。この機会を利用して、安定性に関する論文作成の打ち合わせをすることにした。

この時期から、モファット先生が指導している博士課程の学生も共同研究者となった。ポーランド出身の大学院生、ミカール・ブラニッキである。

ケンブリッジでは、本題の安定性以外に回転卵のジャンプについても議論した。モ

モファット教授と著者（旧DAMTP，2002年夏）

ファット先生はやはり懐疑的に

「もし本当なら、ジャンプの微小な高さや滞空時間を理論的に見積もれるはずだ」

と言う。

そこで私は、宿舎にしていたクレアホールのウェストコートで、その理論解析を試みた。前から気づいていたのであるが、この現象には二つの時間スケールがある。卵は比較的ゆっくりと立ち上がるが、その運動に伴ったゆらぎはかなり速く振動するのである。

これまで研究してきた乱流にもまさにこの特徴があった。乱流理論と同じ手法が使えるかもしれない。

私は、この速い時間スケールと遅い時間スケールに着目することこそが、問題解決の鍵になると信じた。

家族が寝静まった夜中、書斎にこもる日が何日か続いた。宿舎の近くはニュートンやマクスウェルがかつて研究していた場所柄であるためか、なぜか不思議なほどに解析が進んだ。複雑な関数の積分が求まるという幸運もあった。

そして長い解析計算の後、抗力のゆらぎが増大して零になる瞬間があることをついに証明できた。さらに、卵が宙に浮いている場合の解析解を用いて、卵がテーブルとの接触を失うことも理論的に示すことに成功した。

この解析結果を数値シミュレーションの結果と比較すると、驚くべき精度で一致するではないか。ジャンプの高さが十分の一ミリメートル、滞空時間が百分の一秒、程度であることも合致した。

このジャンプを直感的に理解するためには、エレベーターに乗っている状況を思い浮かべるとよい。乗っているエレベーターが上昇中に突然止まった時、自分がふと浮くように感じるであろう。あまりに急な停止であれば、体は自然にジャンプして宙に浮くことになることは容易に予想できる。

卵がジャンプするのもこれと同じ原理である。卵はすっと立ち上がるのではなく、なぜか首を振り振り立ち上がる。そして卵の首が上に振れて一瞬止まる直前にジャンプするのである。

高揚した気分でモファット先生に報告すると、私の研究成果を賞賛してくれた。しかし、本人が計算して確かめたわけではないので、本当に納得したとは思えなかった。

帰国後、ジャンプに関する理論をまとめた論文を作成し、モファット先生とミカールに送った。

秋からジャンプ理論も含めて安定性の論文を作成していたが、その年が明けた頃、目次が必要なほど論文の量が多くなってしまった。そこで、テーマを安定性とジャンプの二つに分けて別々の論文とすることにした。

順番からいえば、やはり安定性の論文を先にまとめるべきであったので、私たちは安定性論文に集中した。しかしこれが難題であった。

特に回転卵が傾いた状態の安定性が非常に複雑で、コンピュータ上で数式処理を要する手ごわい計算であった。

何度かケンブリッジに出向いて直接議論し、あるいは電子メールのやりとりをしたりして繰り返し論文を磨き上げた。

二〇〇三年十一月に入ると、横浜国立大学の佐々木賢教授から『回転卵―どちらの端が上がるか』という題名の、興味深い論文が送られてきた。卵にはとがった端とまるっこい端があるが、回した場合にどちらを上にして立つか、という問題を私たちの『ネイチャー』論文の成果に基づいて定量的に議論した秀作であった。実は、私も同様の研究成果を得ていたのだが、この安定性論文をまとめることで精一杯だった。

そして、執筆開始からほぼ三年の月日が流れた二〇〇三年の暮れ、ついに安定性論文を『英国王立協会紀要』へ投稿することができたのである。

ジャンプ実験

ジャンプ理論の論文は未完成であったが、その正当性には自信があった。高速回転する卵は実際にジャンプし、これは未知現象の理論的予言であると信じていたのである。

しかし、一般の人々には信じがたい現象だ。ジャンプするといっても、目には見えない程度の小さいジャンプなので、容易に観測できるものではないからである。共同研究者であるモファット先生さえも確信していない。

私はジャンプを実証したいと思った。

そこで二〇〇三年春から、大学の同僚に協力を要請し、ジャンプ検証の共同研究を開始した。

三井隆久助教授、相原今朝雄技師、寺山千賀子助手、小林宏充助教授、そして私を加えた五人の慶應チームである。

まず問題となったのは、回転楕円体をいかに回転させるかであった。

手で回しても熟練すればかなりの速さで回すことができる。しかし、精確な初期速度はわからないし、完全に水平ではなく少し傾いて回転してしまう。また、実験に必要とされる定量的な再現性に乏しい。

回転を制御するためにはなんらかの機械で回す必要がある。これが思った以上に困難であった。

例えば、磁石を埋め込んだ物体を、モータでテーブル直下の磁石を回転させることにより回す方法が考えられる。

5人の慶應チーム
（左より相原今朝雄理工学部実験教育センター職員，三井隆久医学部助教授，
寺山千賀子法学部助手，著者，小林宏充法学部助教授）

回転卵の立ち上がり運動を卒論のテーマとした学部生の佐々木真君は、実際にこの方法を試したがうまくいかなかった。おそらく磁力が強すぎたため、物体は傾いたまま回転し続け、手で回した場合の自然な運動が起きなかったのである。

その他、小林助教授から回転ベルトや電気ドリルを用いるアイデアが出たが、実際に試すまでには至らなかった。そこでとりあえず手で回すことにし、ジャンプの確証を得ることに研究の方向を転換した。

まず、卵が宙に浮いている瞬間を高速度ビデオカメラで撮影する方法を考えた。研究室にある高速度ビデオカメラは一秒間に三〇〇フレーム撮影できるので、百分の一秒程度滞空するジャンプは時間的に捉えることができるはずである。

しかし、卵とテーブルの隙間がせいぜい十分の一ミリメートル程度なので、高速度ビデオカメラの画素では解像できないことに気づいた。つまり、空間分解能が足りないために、画像によるジャンプの検出にはなんらかの工夫が必要なのである。

そこでいくつかのアイデアが生まれた。ジャンプすればテーブルと卵の間に僅かな隙間ができるはずで、その隙間から漏れてくる光を検出する方法、ジャンプして着地したときの衝撃音を検知する方法、あるいは圧力センサーの上で卵を回して抗力を測る方法、等々である。

最後の方法以外は試みたものの、本格的な測定はなかなか進まなかった。

トリニティディナー

年が明けてモファット先生からメールが来た。その年の八月にポーランドで開催される第二十一回理論応用力学国際会議に、回転楕円体の力学に関する研究成果を発表してはどうかという問い合わせだった。四年ごとに開かれる大きな力学シンポジウムであり、まるで力学オリンピックのようである。

私は、論文が未完成であるものの、これまでの研究成果を公表するよい機会と思い、

「回転楕円体のジャンプ」という講演題目でミカール、モファット先生を共同研究者として申し込んだ。

二〇〇四年三月十五日、そのジャンプに関する論文を共同で仕上げるため、私は再度ケンブリッジに飛んだ。

到着して三日たった三月十八日は、ちょっとした事件が起きた。カリフォルニア工科大学のマルスデン教授から、逆立ちゴマに関する論文がモファット先生宛てに電子メールで送られてきたのである。

マルスデン教授はスターであり、先生でさえ及ばないほどの卓越した学者とのことである。その彼が私たちの研究と非常に近い論文を発表したのである。

ひょっとしたら先を越されたかもしれない、という不安が私たちの脳裏をよぎった。軸対称物体の回転安定性に関する論文をほぼ四ヵ月前に『英国王立協会紀要』に投稿したのであるが、まだ査読が完了せず掲載許可を得ていなかったからである
さっそくモファット先生、ミカールと内容を把握しようとした。理論は大変洗練された数学を用いていて、論文にある図中には私たちの得た結果とほぼ同じものが見て取れた。しかも、まもなく軸対称物体に関する論文も出版すると書かれている。

しかし、中間の定常状態が見落とされていることに気がついた。また、高速回転中に逆立ちゴマがジャンプするという現象も予測していないようであった。

モファット先生は、返事に私たちの論文を送るべきか迷っていた。私は、査読中なので掲載許可が下りてから送ることを主張した。

ほぼ三年かけてきた研究成果の優先権を守りたかったからである。モファット先生は同意し、マルスデン教授にその趣旨を伝える返事を送った。

いずれにしても今回の論文をいち早く完成させ、『英国王立協会紀要』に投稿しなければならない。

とはいうものの、その夜はモファット先生が招待してくれたトリニティコレッジのディナーに出席することになっていた。

夕方、数理科学センターでようやく繋がったネットワークによって、多くの未読メールを受けた。

夜七時半から始まるディナーに合わせてその対応を終えた後、いったん宿舎に戻りスーツに着替える。そして約束の午後七時十五分に部屋をノックした。

モファット先生はマルスデン教授の論文を読んでいた。また少し内容について議論した後、彼は黒いガウンを羽織った。そして二人してダイニングホールの控え室に向かった。

私たちが控え室に到着した直後、白髪の人物が入室した。一月に就任したばかりの新学長（マスター）、マーティン・リース卿であった。

私はトリニティのホームページで顔写真を見ていたのですぐにわかったのであるが、案外小柄な人であることに驚いた。

著名な宇宙物理学者であり、二〇〇五年から王立協会会長を兼務することになる人である。モファット先生は私を彼に紹介した。

二十数名の人が集まった頃、給仕長が大声で何か叫んだ。するとマスターが部屋を出る。モファット先生が彼の後をついて行くよう促すので、私は恐縮しながら従った。年長者から順番に入室する慣わしのようだが、私の後にモファット先生、そしてその後に残りの人が連なった。

ダイニングホールに入ると、学生の脇を通ってハイテーブルに上った。マスターは一番奥のひときわ重厚な椅子の前に立った。テーブルについた皆を見渡せる家長席である。

私はモファット先生に誘導され、なんとマスター横の席となった。私の対面、つまりもう一つのマスター席隣は、普段着の中年女性が立った。

ドラが鳴り、ローテーブルの学生が起立すると、マスターがラテン語でなにやら唱える。その後皆が着席。

まず、給仕が前菜として魚介のラグーを運んできた。自分で皿にとって、隣の人に回すようだが、ホタテやムール貝を使ったシーフードラグーであった。

主菜はラム足のローストで、ポテトやカリフラワーが副菜。ワインは、白が二〇〇〇年産コートデュロムのペリン、赤が一九八八年産オーメドックのシャトーソシアンドマレー。

デザートのウエハス付自家製アイスクリームは極上であった。

モファット先生を交えマスターと少し会話したが、物静かなひととなりが印象的だった。マスターにワインを勧めたが、アルコールは飲まないとのことでジュースがグラスに入っていた。

皆がデザートを終えると、マスターが席を立ちダイニングホールでのディナーが終わった。

マスターに従い、今度は別の部屋に向かった。食後のクラレット、ポルト、そして果物を楽しむ部屋である。

モファット先生が囁いた。

「前を歩いている老人は神経科学でノーベル賞を受けたアンドリュー・ハックスレー卿で、彼がディナーに来るのは珍しい。酒を飲まないマスターは、たぶん彼をホストとして指名するだろう。」

私はハックスレー卿に会えた幸運に感謝した。学生時代、神経科学を学んだ時期があり、その分野の伝説的な学者であったのである。

部屋の前に到着すると、マスターがハックスレー卿に声をかけ、モファット先生の予言したとおりの展開となった。私はマスターと握手して感謝の意を表した。

部屋の中に入ると家長席にハックスレー卿が立った。モファット先生は私を彼に紹介した。するとハックスレー卿も彼の娘を私たちに紹介した。ダイニングホールで私の対面に着席した中年女性であった。

この部屋には入った人は十人ほどであった。モファット先生が

「今夜はとてもよいメンバーですね」

と言うと、隣のハックスレー卿も頷いた。

六十三年産のポルトと九十六年産のクラレットが用意されていた。ハックスレー卿の隣に座ったモファット先生によると、好きな方を自分のグラスに注ぎ、時計まわりに回すという。クラレットは飲み干す必要があるので何回でも回せるが、ポルトは二回しか回せないルールであるという。

モファット先生の右隣に座った私の順番は最後となった。予期せず最後の順番になってしまったことをモファット先生が詫びるので、「残り物には福がある」と日本の諺を紹介すると、「終わりが初め」という英国の格言を返してくれた。

チーズは大きな円柱形のスティルトンで、スプーンで皿に取っていく。バス地方産のクラッカーは伝統の一品らしい。

隣のゲストが葉巻を勧めてくれた。私の趣味ではなかったが、興味本位で試してみることにした。キューバはハバナ産のH・アップマンという葉巻であった。葉巻の一端に道具で切り口を入れ、マッチで火を着ける方法を教えてくれた。

私はこわごわ口にしてみた。酔っ払っていたせいか、思ったほど強く感じず、葉巻も楽しめそうな気がした。

その後、スニッフと呼ばれる嗅ぎ煙草が振舞われた。三種類の香りがあり、モファット先生の薦めてくれたチョコレート色の粉を選んだ。つまんで手の甲に乗せ勢いよく鼻に吸い込むと、えも言われぬ初めての香りに感動した。

私はポルトを飲みつつ、ハックスレー卿とモファット先生の会話を聞いていた。そしてハックスレー卿の髪の毛のない頭を眺めながら、これが神経の信号伝達機構を解明したのかと感慨にふけった。

私も勇気を出してハックスレー卿に話しかけてみた。私の英語が聞き取りにくいらしいのでモファット先生が通訳してくれた。

近年のトリニティコレッジのマスターは、アラン・ホジキン、アンドリュー・ハックスレー、マイケル・アッティア、アマーチャ・セン、そして現在のマーティン・リース、錚々たるメンバーである。この内、アッティアとリース以外はノーベル賞受賞者で、アッティアは数学のノーベル賞に匹敵するフィールズ賞を受賞している。

ポルトが二度回って会の終わりを告げた。モファット先生と私はハックスレー卿と別れ、部屋に戻った。

ガウンを脱いだモファット先生と部屋で少し話した。回転卵の研究は一見遊びのように思えるが、おそらくさまざまな分野に応用できる深遠で重要な問題であることを二人で確認した。そして、私は素晴らしかったディナーの礼を述べ、夜更けのニューコートで別れた。

バーレルズフィールドとよばれる宿舎に戻る際、フェローズガーデンを通った。宿舎で貸し出されたカードキーを差し込むと、大きな黒い鉄の門がゆっくりと開いた。私は特権を実感し、夜の美しい庭園を一人闊歩した。そして宿舎に戻り余韻を楽しみながらベッドに就いたのである。

翌日から、私の書いたジャンプ論文原稿を三人で議論して改訂作業を続けた。モファット先生が疑問を投げかけたこともあったが、最終的には内容の正当性を認めた。

わずか十日ほどの滞在であったが、ジャンプ論文を三人で完成させる強固な礎となる訪問であった。私は帰国してモファット先生とミカールが作る改訂版を待つことになった。

ライバル

二〇〇四年の四月に入ると朗報が舞い込んだ。王立協会が安定性の論文を受理したことを知らせるメールがモファット先生から転送されてきたのである。

モファット先生は約束どおりマルステデン教授に受理原稿を送った。その原稿には、次の論文テーマであるジャンプ現象のことを予告していた。

マルスデン教授からすぐに返事が来て、

「これまでジャンプ現象には注意を払っていなかったが、魅力的で説明すべき運動に今は思える」

と言う。

マルスデン教授のグループがひたひたと追いかけてくるように感じた。しかし私には、モファット先生とミカールからのジャンプ改訂論文を待つより他なかった。

そして五月十九日に改訂原稿が送られて来た。ここからひと月近く電子メールのやりとりが頻繁に続く。一つ大きな問題点があった。

それはジャンプの滞空時間や高さの上限値に関する理論的予測である。私が展開したその理論を彼らは理解できないのである。

正しいという自信はあったのであるが、それを納得してもらうためにまた相当時間がかかりそうであった。私は、マルスデン教授のグループに先を越されるかもしれない状況を考えて、今回の論文での発表はあきらめた。

そして六月十五日、改訂第二十版をついに『英国王立協会紀要』へ投稿することができたのである。

ワルシャワでの国際会議

年明けに申し込んでいた第二十一回理論応用力学国際会議における研究発表が採択され、開催地であるポーランドのワルシャワに二〇〇四年八月十五から二十一日まで滞在した。

ポーランドは多数の著名人を輩出している。地動説を唱えたニコラウス・コペルニクスを筆頭に、偉大な作曲家でありピアニストのフレデリック・ショパン、ノーベル賞を二度受賞した科学者マリー・キュリー、ローマ教皇のヨハネ・パウロ二世、フラクタルという幾何学的概念を導入した数学者ブノワ・マンデルブロ、等の面々だ。

その首都であるワルシャワは興味深い都市である。

ショパンに因むものとしては、その生家や住居、五年ごとに開催される伝統と権威あるフレデリック・ショパン国際ピアノコンクール、森のようなワジェンキ公園にある壮大で美しいショパン像、直筆譜があるショパン博物館、そしてワルシャワ・フレデリック・ショパン空港が挙げられる。

路面電車に乗って見る街並みや、ユダヤ人居住区（ゲットー）跡は、ロマン・ポランスキー監督の映画『戦場のピアニスト』さながらである。

一九四四年、ナチス・ドイツの占領軍に対しワルシャワ市民は一斉蜂起したが、二ヶ月にわたる戦闘の末鎮圧され、殆どの建物が破壊されてしまったという。

貼り絵のような旧市街は「壁のひび一本に至るまで」市民によって忠実に再現されたものであり、戦争に翻弄された歴史と市民の執念を感じずにはいられなかった。

旧市街は、人魚の像や円形の砦バルバカンを見物する観光客で賑わっていた。また、高価な名産の琥珀を売る店もあった。物価が日本の三分の一程度であったが、貧富の差が大きく、物乞いをしてくる人もいた。

特に駅の地下にはホームレスが多かった。そのため、外国からの観光客は追剥《おいはぎ》に会わぬよう駅地下をなるべく避けるべしとのことであった。実際、文字通り身ぐるみはがれた日本人被害者が近年出たという。

あいにく私が宿泊したホテルから会議場へ行くには、タクシーに乗らない限り駅地下は避けて通れなかった。そのため、ウォッカ「ショパン」を友人と飲みすぎた真夜中に駅地下を走りぬけた覚えがあるが、幸い追剥に会うのは免れたようである。

今回の理論応用力学国際会議は、モファット先生が会長を務める理論応用力学国際連合が主催した力学の分野で最も大きな四年に一度の国際会議である。会場のワルシャワ工科大学で、モファット先生は会長として開会の挨拶を颯爽と行った。

その後多くの様々な研究発表が行われた。私は、会議室一二四にて八月十八日の午前十時十分から二十分間発表することになっていた。

当日、ホテルの朝食でテーブルにゆで卵が置かれていた。残念ながら生卵はなかったが、研究発表で実演するため、ゆで卵二個を布で包んで割れないよう会議室まで持参した。

廊下にあったテーブルで発表の少し前、注意深く持参した包みを開けると、卵にひびは入っていなかった。試しに回してみるときれいに立ち上がったので少し安心した。

講演の切れ間に会議室一二四に入ると、多くの肖像画で飾られた、会場の中でもとびきり格調の高い部屋であった。ぴかぴかのテーブルとエメラルドブルー地の背もたれをもつ椅子が印象に残っている。

日本からの参加者数名とミカールも私の発表時間前に着席していた。会議室が満席になった頃、モファット先生は私の発表間際に入室してきたが、会長に敬意を表して演壇近くの席が譲られた。

いよいよ私の研究発表である。演壇に立つとモファット先生が私にウィンクした。

「グッドモーニング、レイディーズアンドジェントルメン」

が第一声であった。

少し緊張しながら、話しの導入で例のゆで卵をテーブル上で回すと見事に立った。ホテルの朝食から失敬したものであることを聴衆に伝えると、どっと笑いが起こった。

その後は緊張もほぐれ、準備した音声入りのスライドショーを行い、割り当てられた時間ちょうどに発表を終えた。そしていくつか質問も出たが無難に答えることができた。

発表後、多くの人から私の研究発表に対して賞賛の言葉を受けた。モファット先生は、私の発表を聴かなかった研究者達にこの研究の話をしたようであった。

そのためか、翌日に行われたハッサン・アレフ教授は「力学教育におけるおもちゃとゲーム」という講演で、私の発表に言及した。そしてその二日後、モファット先生の優雅とも言うべき閉会の挨拶で国際会議は幕を閉じた。

第八章

真実の証明

ジャンプの予測論文

二〇〇四年十月一日、受理されていた安定性論文がようやく『英国王立協会紀要』にオンライン公表された。そして、論文が雑誌に掲載された日はその年の十二月八日であり、投稿してからほぼ一年を要したことになる。

十月四日、投稿したジャンプ論文について、少し修正すれば受理できるとの電子メールを王立協会から受けた。二人の査読者も内容を絶賛していた。

私はもちろん嬉しかったが、今後の対応を迅速にそして努めて冷静に考えた。そして、モファット先生とミカールへその電子メールを転送し、修正の方向性を打診した。

査読者の論評の中で、論文中の第一図に関するものが重要であった。カーボン紙に取られた接触点の軌跡である。

テーブルにカーボン紙を置き、その上で金属製の重い回転楕円体を回転させると、接触点の軌跡が得られる。典型的な形は、小さな円から大きな円へ、そしてまた小さな円へと変化する螺旋形である。

その軌跡をよく観察した結果、円周が不連続でとぎれとぎれになることを発見した。こ

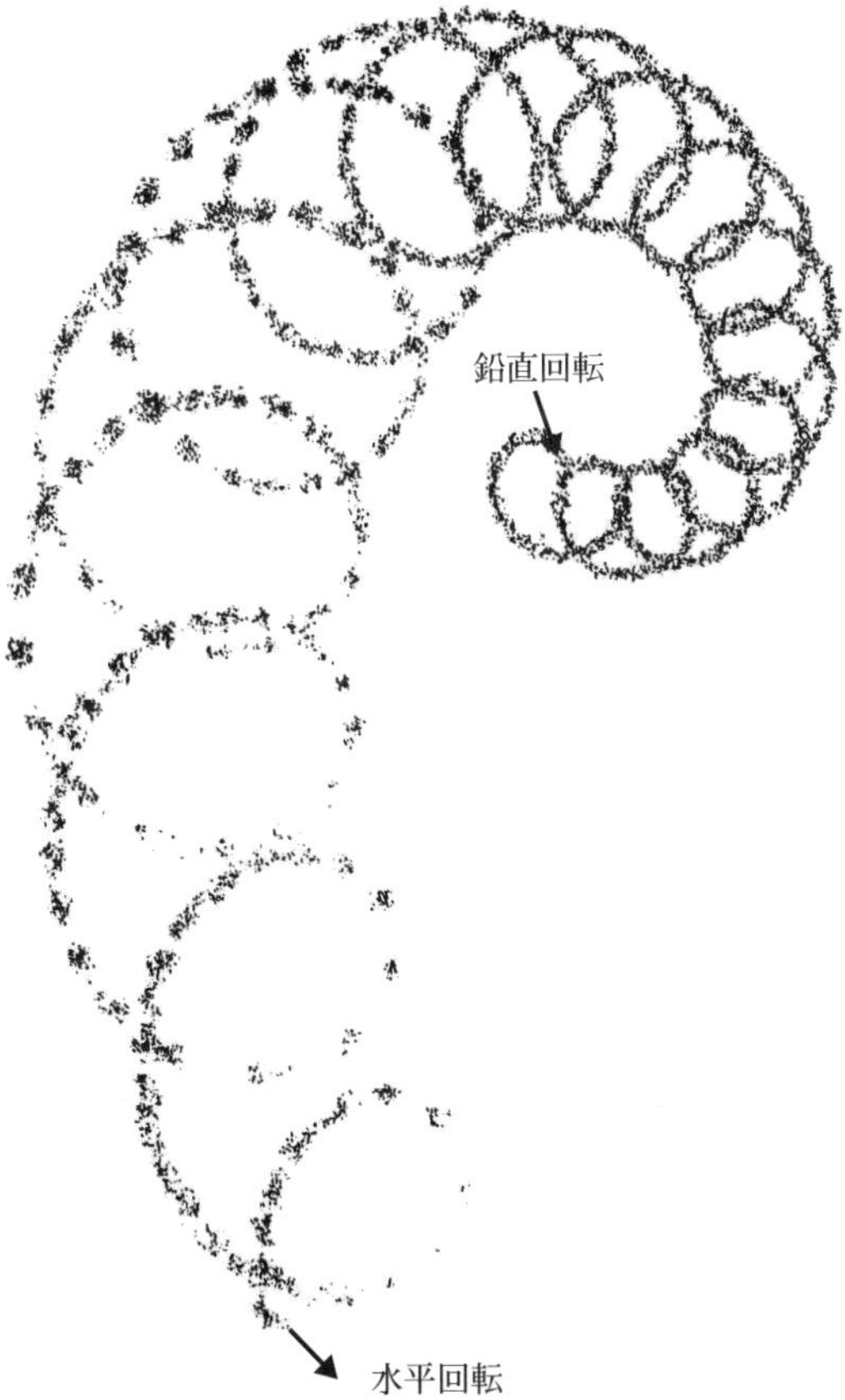

カーボン紙に取られた接触点の軌跡

の不連続な軌跡は、接触点が接触を失い宙に浮いていることを示しているのだろう。つまり、これこそジャンプしている簡潔な証拠だ。

そう思って、論文に第一図として掲載した。査読者の意見は、第一図に対応する数値シミュレーションを行いその結果を比較してはどうか、というものであった。

そこで、その数値シミュレーションを実行した。すると、軌跡の曲線自体はよく再現できるのであるが、ジャンプの証拠と思った軌跡の不連続性を説明できないことがわかった。

曲線が途切れている箇所は一つの円に十程度観測される。したがって、それがジャンプによって引き起こされているとすると、卵が一回転する間に十回程度もジャンプしていることになる。

ところが数値シミュレーションではせいぜい一、二回である。また、理論と数値シミュレーションは整合しているので、軌跡の不連続性は理論にも合わないことになる。

したがって、このとぎれとぎれの軌跡はジャンプとは別の要因によって起きていると結論せざるを得なかった。査読者の意見は的を射たものだったのである。ちなみに、この不連続な軌跡は今も謎であるが、カーボン紙の微妙なたわみによるものかもしれない。

結論として、非常に印象的な図ではあるものの、混乱をさけるためにカーボン紙の図は割愛することにした。

その他、いくつか言葉使い等の修正をモファット先生、ミカールと協議した。そしてついに、改訂第二十七版となる修正版を、期限間際の十月十七日の夜中に電子メールで返送した。

実はこの十日ほど後、理論応用力学国際連合シンポジウムが京都で開催されることになっていた。モファット先生は会長として参加するため二十一日より来日するという。流体力学がテーマであったので、再会を期して私も参加することにしていた。

その直前の二十日夜、王立協会からジャンプ論文の受理を知らせる電子メールが突然届いた。待ちに待った朗報であった。

しかしその電子メールは、出版のスケジュールが非常に詰まっているので、二十七日までに論文要約と論文をある形式の電子ファイルに変換して送る必要も伝えていた。

モファット先生はすでに英国を飛び立つ日であるし、私もシンポジウムに参加するため翌日から京都に出張することになっていた。そこでミカールに論文ファイルの作成と返送を依頼し、論文要約は京都で私が仕上げることにした。

京都での再会

モファット先生が大阪に到着する二十一日は、超大型の台風二十三号が近畿を通過するという予報であった。心配していたが、台風が予測よりも早く東進したために、飛行機は無事到着したようであった。

二十二日と二十三日は特に予定がないようなので、その二日間は私が京都を案内することになっていた。京都は私の生まれ故郷であり、大学に進学する前まで過ごした街である。

二十二日金曜日、京都の自宅からホテルへ向かった。ロビーに入るとソファで新聞を広げている大柄な紳士が座っていた。私たちは笑顔で握手し再会を祝した。

その日はちょうど、京都三大祭りの最後を飾る時代祭が行われることになっていた。彼は以前研究のため京都に三ヶ月ほど滞在したことがあったそうだが、時代祭りは知らないという。

そこで、さわやかな秋晴れの朝、私たちは京都御苑に向かった。久しぶりに見る時代祭りは私にも新鮮であった。モファット先生は何枚も写真を撮り、日本の時代絵巻に見入っていた。

その後、泉涌寺や伏見稲荷を訪れ、夜は先斗町で和食を味わった。帰宅すると、モファット先生と同い年の、今は亡き父に、夜遅くまで老人を連れまわさないようにとたしなめられた。しかし翌日も京都めぐりの約束をしていた。

二十三日土曜日は、紅葉を期待して嵐山へ向かった。紅葉にはまだ少し早かったのであるが、絵に書いたかのような美しい景色が広がっていた。

王立協会が求めたジャンプ論文の要旨をまとめる必要があったので、私は原案をラップトップコンピュータに持参していた。そして、あるお堂の縁側で一服した折に、モファット先生の意見を聞いて編集を完了させた。

嵐山の大堰川《おおい》は台風二十三号の通過に伴って増水し、屋形船は欠航していた。彼は泥色の濁流を眺めて

「これが乱流だ」

と言った。

その後京都駅まで戻り、ゆかたを土産に買ってから夕刻京都タワーに登った。展望食堂でビールを飲んでいた時、彼が急に顔を上に向けて身構えた。どうしたのか聞いてみると、揺れを感じたと言う。

「タワーが高いので風による揺れでしょう」

と私は一笑に付した。

ところが、どうやらこの揺れは、大きな被害をもたらした平成十六年新潟県中越地震によるものだったようである。地震のない英国の人だから感知できたのかもしれないが、異常と正常を見分けるこの感覚を、私たちは常に持ち合わせたいものだ。

夕食後モファット先生をホテルまで送ったところ、教えてほしいことがあると言う。聞いてみると、シンポジウムの挨拶で最初の部分を日本語で話したいとのことであった。

私は、彼の準備した英文を日本語に翻訳し、その音をローマ字で書いた。すると、彼は

それを見ながら、なかなかよい発音で何度か発声練習を繰り返した。

シンポジウム当日の二十六日、初めに伝えられたのは今井功先生の訃報であった。十月二十四日に他界されたという。

二〇〇二年春に英国から帰国した頃、今井先生から直接ファックスを受け、いつか回転卵の研究を報告すると返事したきりであった。約束が果たせなかったことを悔やみながらシンポジウムの参加者とともに黙祷した。

その後、理論応用力学国際連合会長としてモファット先生が挨拶した。日本語で始まったスピーチは聴衆に好評であった。そしてシンポジウム最終日に早くも英国へ向け日本を後にした彼は、帰国後、『英国王立協会紀要』に受理されたジャンプ論文をマルスデン教授へ送った。

公顕祭

十一月十六日、モファット先生から電子メールが届いた。次の論文作成のため、翌二〇〇五年一月四日から十四日まで渡英できないかを問い合わせていた。

次の論文とは安定性論文とジャンプ論文に引き続くもので、やはり『英国王立協会紀要』に投稿予定の第三論文であった。前に発表した回転楕円体に対する安定性の議論を、一般の軸対称物体に拡張する内容であった。

私はその招請を受ける返事をした。するとすぐに「コレッジの宿舎を予約した。一月六日にトリニティで公顕祭の祝宴が開かれる。祝宴に君を私のゲストとして連れて行ければとても嬉しい。ささいな問題が一つあって、それはディナージャケットと蝶ネクタイの正装をしなければならないことだ。日本の着物ならよりよいけれど、こちらで貸衣装を調達することもできる」

というメッセージ。

公顕祭とは、ベツレヘムに誕生したキリストを東方の三博士が訪れたことを記念するキリスト教の祭りである。クリスマスの翌日から十二日目にあたるので十二日祭とも呼ばれる。

ネイチャー論文が出たのも、キリスト教の復活祭である、卵がシンボルのイースターであり、私は公顕祭にも興味をもったので、

「公顕祭の祝宴にご招待いただけるのは大変光栄です。貸衣装を借りたいと思いますので予約をお願いします。」

という返事をした。

そして年が明けて早々の一月四日に渡英した。ケンブリッジに到着して翌日、彼をトリニティに訪ねると、いつもの爽やかな笑顔で出迎えられた。

私は土産に持参した金粉入りの日本酒を渡した。正月であったからなのだが、ちょっとした理由があった。

東方三博士が星に導かれてベツレヘムの馬小屋にいる幼子イエスを見つけた折、黄金・乳香・没薬を捧げて拝したと聖書には書かれている。

英国からすると日本は極東にあり私は理学博士である。公顕祭に向かう私は東方の一博士といえる。そこで私は薄片ながら金粉の黄金を捧げたのである。

部屋に入るとマリー・ファージュ教授も居合わせた。パリ、エコールノルマルスーペリウールに所属し、ウェーブレット解析が専門である彼女は、訪問教授として短期トリニティに滞在しているようだった。

三人で再会を祝しシェリーで乾杯した。その後、予約してくれた貸衣装を借りに行き、三日間借りることにした。

ＤＡＭＴＰでは今回の滞在中の予定を相談し、部屋の鍵を貸し与えられた。また、第三論文の第一著者となる予定のミカールとも再会して打ち合わせをした。

そしていつの間にか、ＤＡＭＴＰで借りた私の机に公顕祭祝宴の招待状が置かれていた。その日、公顕祭の礼拝がトリニティのチャペルで行われるという。水をワインに変えるというイエスが最初に成した奇跡がテーマの礼拝であった。クリスチャンでない私もその話しは知っていたので参加することにした。

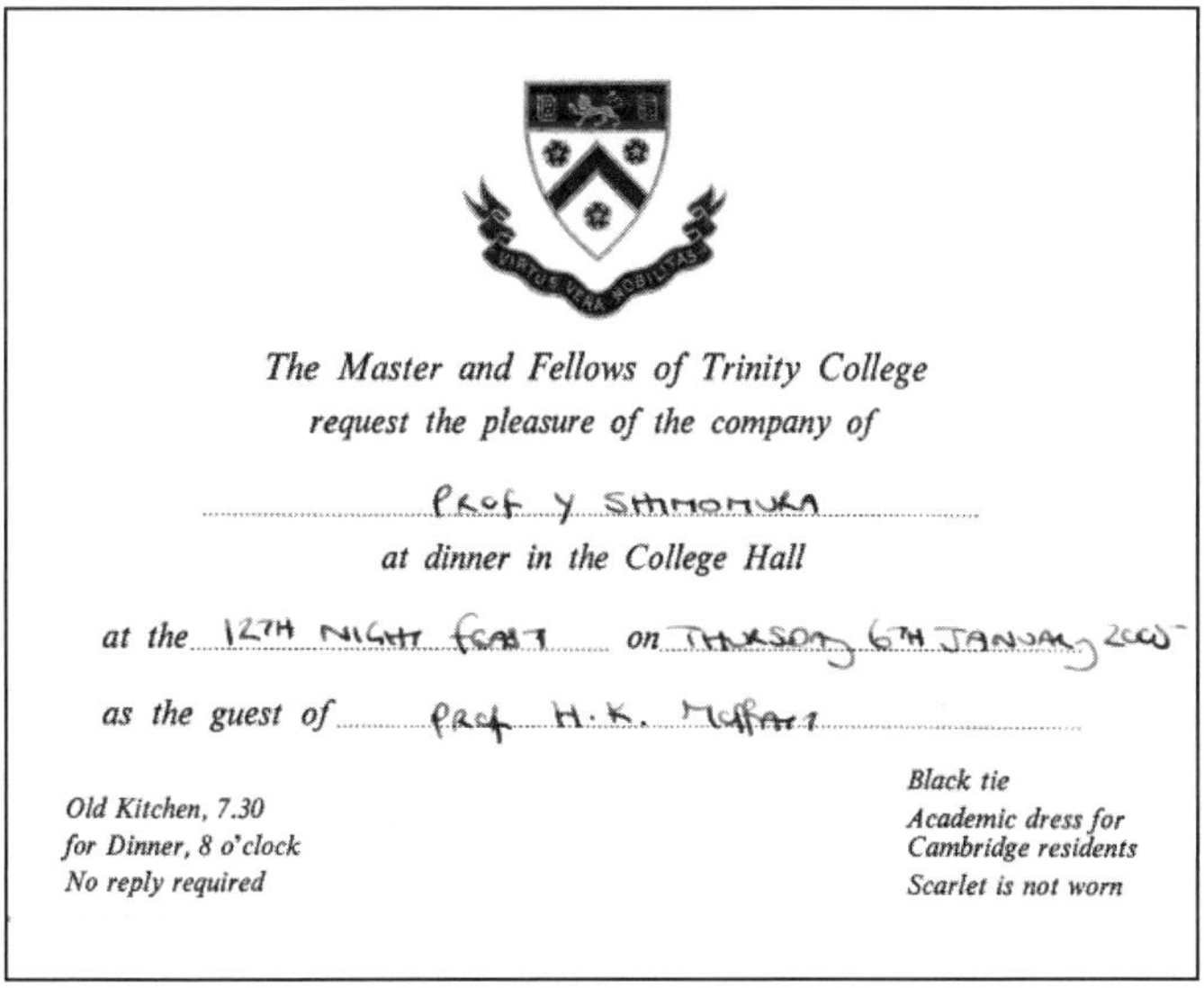

VIRTUS VERA NOBILITAS

The Master and Fellows of Trinity College
request the pleasure of the company of

Prof Y Shimomura

at dinner in the College Hall

at the 12th Night Feast *on* Thursday 6th January 2005

as the guest of Prof H. K. Moffatt

Old Kitchen, 7.30
for Dinner, 8 o'clock
No reply required

Black tie
Academic dress for
Cambridge residents
Scarlet is not worn

公顕祭祝宴の招待状

チャペルの前で配られたパンフレットによると、「高級ワイン」と題された礼拝で、ＢＢＣが生中継するという。私はモファット先生、ファージュ教授とともに少し緊張して入室した。

賛美歌の合唱に加えて台詞まであり、私たちも起立着席を繰り返したが、荘厳な雰囲気を体験した。

翌日、公顕祭祝宴の始まる少し前に貸衣装を着て夕刻モファット先生の部屋へ行くと、彼はカメラを持ってくるべきだったと言った。

ガウンをまとった彼と共にハイテーブルへ着席すると、私は周りの人に紹介された。ご馳走と極上のワインを楽しみながら様々な会話が行われた。隣に座った国際法の教授は

「ハイテーブルでは高尚な話をしていると思われているが、実はこの種の下世話な話が多い」

と私に囁いた。

私は、少し高尚な話題に変えようとして、

「英単語を知らないのですが、東方三博士の一人が持参したMyrrhとは何ですか」

と公顕祭にふさわしいと思われる質問をした。

案外英国人の間でもあまり知られてないようであった。しかし、それが没薬であることをやはり隣の教授が教えてくれた。

祝宴を終えると皆でマスターズロッジに移った。大きな肖像画がいくつも掛かった美術館のような区域であった。その夜マスターが特別に開放したのであろう。

モファット先生は肖像画の一つを指差し、そこに描かれた人に若い頃世話になったと言う。モファット先生の肖像画も遠い将来飾られるような気がした。

さて、翌日から本格的に論文作成が始まった。

軸対称物体一般の回転安定性はかなり複雑で、すべてを一つの論文にすると長大論文になりそうだった。そこで論文を二編に分けて発表することにした。今回はその前半である定常状態の分類に集中することになった。

ある日、モファット先生がペダル曲線という概念を紹介した。十九世紀には導入されていた曲線のようであるが、私は聞いたことがなかった。

それを彼がどのようにして知ったのか不明であるが、このペダル曲線によって軸対称物体の定常状態を見通しよく分類することができた。流石と思える慧眼であった。

天気のよい日、モファット先生がミカールと私に提案した。ニュートンが天体観測をしたというトリニティグレートゲイトのタワーに登ろうと言うのである。

もちろん一般には公開されていないが、トリニティのフェローなら鍵を借りることができるらしい。私たちは同意してタワーに向かった。

モファット先生がポーターズロッジから鍵を借りてきた。しばらく開いたことのないよ

左よりブラニッキ氏，著者，モファット先生
（ニュートンが天体観測をしたというトリニティグレートゲイトのタワーにて，2005年冬）

うな木造の扉をあけると、急な螺旋階段が見えた。

彼の後を恐る恐る登って息が切れそうになった頃、ようやく屋上に出ることができた。ケンブリッジの街並みを一望できる高みから眺めると、コレッジの異様な屋根が眼下に広がった。

ニュートンが天体観測していた場所はこのあたりだろうとモファット先生が指差した。私たちはその付近に立ち、モファット先生が持参したカメラで三人の記念写真を撮った。

こんな一こまもあった滞在であったが、帰国時には第三論文がほぼ完成した。

古希の記念シンポジウム

二〇〇四年十一月四日、DAMTPのマイケル・プロクター教授からケンブリッジで開催するシンポジウムへの招待を受けた。

そのシンポジウムは、モファット先生の七十歳、つまり古希を記念するもので「乱流、捩《ねじ》れ、糖蜜」という一風変わったタイトルがついていた。これらは、彼がこれまで研究してきたテーマを象徴している。

二〇〇五年四月二十一日と二十二日の二日間にわたるシンポジウムで、同僚、弟子、そして共同研究者が集い、その中から選ばれた人が招待講演する形式だという。モファット先生の推薦により私も指名されたようで、四十五分の講演依頼であった。

もちろん私は光栄に思い受諾したが、大学の新学期が始まって間もない時期なので、四月十九日から二十四日までの五泊六日で旅程を組んだ。

三月末、ジャンプ論文の最終版を王立協会に送ってから何の音沙汰もないまま五ヶ月が過ぎようとしていた。三月三十日、私は待ちきれず担当者に問い合わせてみた。

翌日に新任の担当者から返事が来たが、しきりに謝っている。どうやらシステムを変更したため、私たちのジャンプ論文は五ヶ月間も無為に放って置かれたようであった。

私は理由を尋ねてみたが、すぐに校正刷りを送ると繰り返すのみで、明瞭な説明が成されなかった。

モファット先生は、正確な事実関係をもとに、一部のすきもない論理的かつ厳格な文章で彼らの過失を指摘した。さらにロンドンの本部まで乗りこんで印刷過程を確かめ、私が渡英する前日に第一校正刷りを送ることを約束させた。『英国王立協会紀要』の編集委員でもあった彼だからこそできた行動であった。

ケンブリッジに到着した翌日、二十日にモファット先生とミカールに会った。古希記念シンポジウムの主催者プロクター教授が急病で入院したため参加者リストが紛失し、シンポジウム準備が大変だったがなんとか対応したとのことであった。

そして、その日の午前九時に王立協会からようやくジャンプ論文の第一校正刷りが送られてきた。約束の十八日から二日遅れである。しかも、三日以内に校正を返送しなければそのまま印刷するという。

この理不尽なメッセージに納得できなかったが、私たちは多忙の中その日に校正刷りをそれぞれ見直すことにした。翌日と翌々日はシンポジウムなので、ジャンプ論文の校正がほとんどできないからである。

私は多数の誤りを見つけた。私たちが最終原稿で送ったものと多くの部分で違うのである。何度も確認しなければ見つからない誤りがまだあるかもしれない。しかしその日が終わり、シンポジウム当日となった。

初日の会場はニュートン研究所であった。主に欧米諸国から総勢八十名の参加者があり、和やかな雰囲気で興味深い講演と活発な議論が展開された。

ブリストル大学のエッガー教授による「自由表面の特異性」が印象に残っているが、それ以外の講演は、失礼ながらジャンプ論文の校正をしながら聴講した。

その日のシンポジウム終了後、トリニティのグレートコートにあるダイニングホールで午後七時半より晩餐会が開かれた。席は自由のようだったので、私はローテーブルのある席に座った。

周りの人々と会話しているとモファット先生がやって来た。招待講演者の席はハイテーブルにあり、さっきから探していたと言う。

しかし、ハイテーブルにこれから席を移すのはためらわれた。周りの人に自己紹介して会話していた最中だったのだ。私は無礼をわびてローテーブルの席を動かなかった。

その後、モファット先生のスピーチが始まり、自作のソネット（十四行詩　次ページ参照）が披露された。ジョークを交えたゲストのスピーチも続き、終始和やかな雰囲気であった。まさにモファット先生の古希にふさわしい晩餐会となった。

晩餐会後、多くの人は食後酒を楽しむため別室に移動したが、私はめずらしく宿舎に戻った。私の講演は翌日だったのであるが、まだプレゼンテーションの準備が完了していなかったからである。

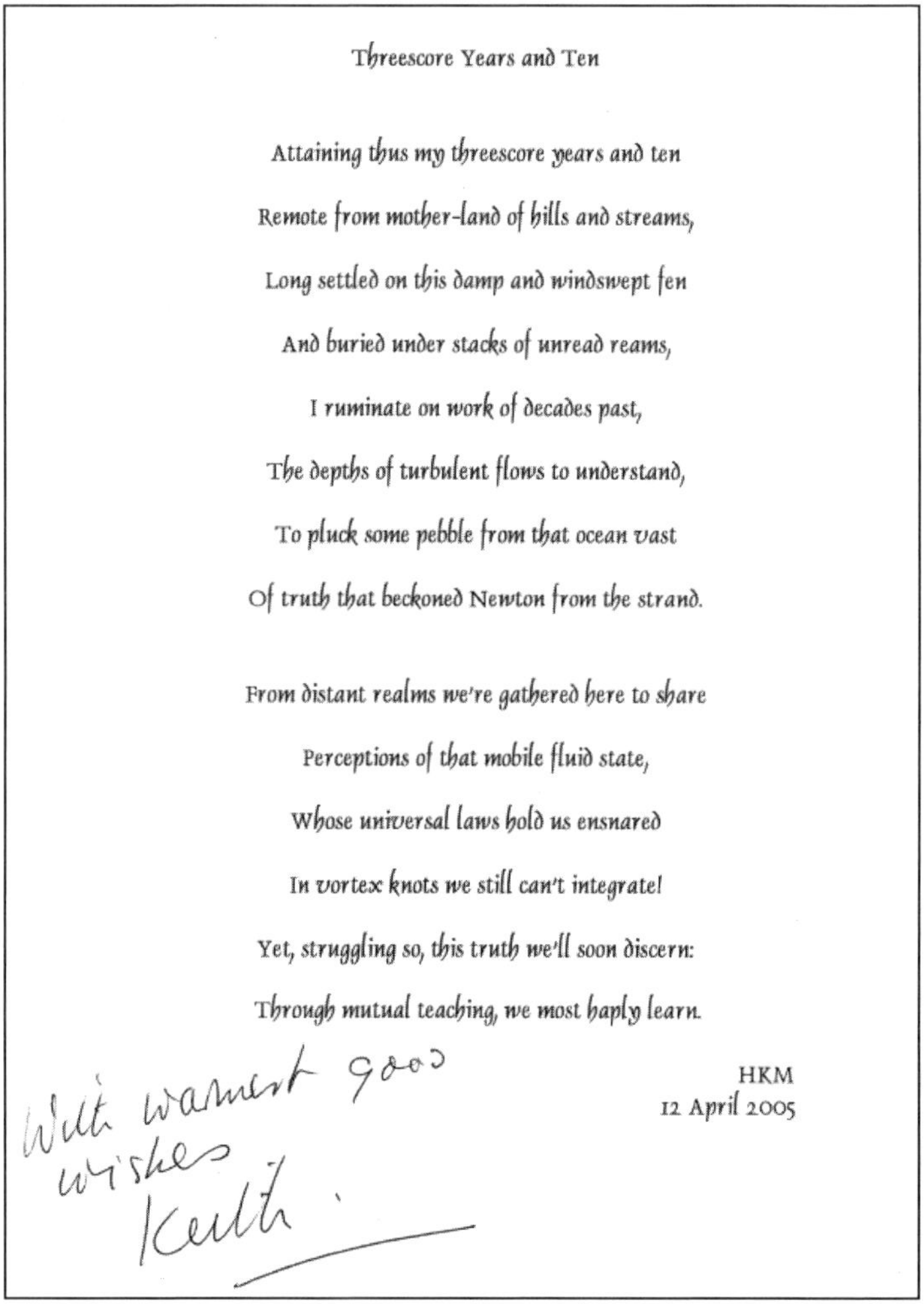

Threescore Years and Ten

Attaining thus my threescore years and ten
Remote from mother-land of hills and streams,
Long settled on this damp and windswept fen
And buried under stacks of unread reams,
I ruminate on work of decades past,
The depths of turbulent flows to understand,
To pluck some pebble from that ocean vast
Of truth that beckoned Newton from the strand.

From distant realms we're gathered here to share
Perceptions of that mobile fluid state,
Whose universal laws hold us ensnared
In vortex knots we still can't integrate!
Yet, struggling so, this truth we'll soon discern:
Through mutual teaching, we most haply learn.

HKM
12 April 2005

With warmest good
wishes
Keith

モファット先生自作のソネット（十四行詩）

こちらに来て準備する時間があると思っていたが、ジャンプ論文の校正に追われて何もできなかったのだ。私は明け方まで準備し、数時間の睡眠をとった。

二日目の会場はＤＡＭＴＰだった。ヒンチ教授による興味深い講演「モファット薄膜における衝撃と遅い変化」から始まった。私の講演は最後から三番目である。

予定通りの午後二時時半から四十五分間、私は「回転卵の問題に挑んだ私たちの冒険―ロードオブザスピニングエッグ―」と題して講演し、モファット先生との共同研究の過程と研究成果を発表した。

講演の最後でモファット先生にプレゼントを渡した。縦横比が黄金比のアクリル製回転楕円体である。

この美しい卵形物体は、慶應義塾大学の相原技師が作成したものであるが、ケンブリッジでこの物体を赤い布で包み、銀色の容器に入れるとより一層豪華に見えた。

Ｊ・Ｒ・Ｒ・トールキン著『指輪物語』に模した私の講演は、実演を交えたこともあって存外な好評を博した。ジュリアン・ハント卿からも意見を受け、講演後も多くの研究者と議論を交わした。モファット先生は、シンポジウムのハイライトであったと賞賛してくれた。

最後に成された彼自身の講演はすばらしいものであった。というのは、シンポジウムタイトルにちなんだ、三分野にわたる彼の最新研究成果が発表され、超一流の現役研究者としての活躍ぶりを伝え、また聴衆の研究活動に刺激を与えたからである。

こうして古希記念のシンポジウムは大成功を収め幕を閉じた。少々疲れた私は真っすぐ宿舎へ帰ろうとしたが、何人かを伴って歩いてきたモファット先生が一緒にパブへ行こうと呼び止めた。

近くのパブへ入ったのであるが、彼が同伴していたのは家族であった。私は初対面の人々とビール片手に談笑した。二日後に帰国する予定だったので、翌日の土曜日は王立協会に第一校正原稿を送り返すべき最後の日であった。

パブでモファット先生に翌日一緒に検討できるか聞いてみると、土曜日であるにもかかわらず快諾してくれた。

そして翌日、ミカールを交えてトリニティにあるモファット先生の部屋で相談し、最終的校正を伝える電子メールを送った。モファット先生は、修正項目を赤字で示した校正刷りも速達書留で郵送した。

私は充実感に満ちて帰国の途についた。

帰国後、モファット先生は的確で手厳しいメッセージを王立協会に送っただけでなく、ロンドンにまで赴いて印刷状況を監督し、さらなる校正を指摘したようである。

それでもなかなか完成原稿ができ上がらなかった。モファット先生は
「ドラマはまだ続く」

と言って何度も催促した。

私は、彼を頼れる勇敢な味方と心強く感じる一方で、反対側には立ちたくない人であると思った。

こうして五月十三日、ジャンプ論文はついに『英国王立協会紀要』にオンライン掲載された。掲載間際にも修正を施したのであるが、いろいろな意味で難産の論文であった。

この論文は世界中の新聞やラジオで紹介され、雑誌には六月八日に掲載された。

検出器と回転機

古希の記念シンポジウムから帰国した夜、一週間ぶりに電子メールを確認した。多くの未読メールの中に、同僚の三井助教授からのメッセージがあった。

「下村様　コマの実験はどのようになったでしょうか。光を用いる方式は、中断しております。少し時間があったので、キャパシタンス変化を検出する方式の試作をしてみました。　三井」

ジャンプ検証の共同研究を要請してから二年が経過していたが、実験に関しては一年ぶりの連絡である。

「コマの実験」とあるのは卵の実験の意味であるが、三井助教授は本質的にコマと同じ物理系と捉えていたのであろう。また、キャパシタンスとは蓄電器の性質を表す電気的物理量のことである。

金属製の回転楕円体と台は一種の蓄電器に見なせるので、それらの配置が変化すればキャパシタンスの変化として検知できると思われた。

アンテナを動かすとテレビの映りが変わる事と同じ原理を用いた方法である。特に、回転楕円体がジャンプすることによって台との接触を失うと、キャパシタンスは大きな変化をすることが予想された。

次に来た電子メールによると、キャパシタンス変化による計測の原理を理解するまでに一年以上かかったという。私は

「一年以上もお考えいただいたとのこと、深く感謝しております。てっきり見放されたものとあきらめておりました」

と返事をして、相原技師が作成したアルミ製の回転楕円体を用いて実験する日取りを決めた。

○・・・・・・・・○・・・・・・・・○

四月末、三井助教授とともにキャパシタンス変化を試験的に測定した。アルミ製の回転

楕円体を、研磨した銅製の台上で手によって回転させた。

私はこれまで何百回と回したため、一秒間に三十回転くらい速く回すことができるようになっていた。しかし、物体の対称軸を水平に、かつ回転後に卵が台上で水平移動しないように回転させることは、容易でない。

測定できる領域は限られているので、特に後者の条件は重要である。失敗することも多かったが、それでも五回に一度くらいはうまく測定できた。

うまく回転した場合のキャパシタンス信号を見ると、物体が立ち上がる途中で大きく変化する部分が何カ所か認められた。そしてその大きい変化が持続する時間は、数値シミュレーションが予測する滞空時間程度であった。

ジャンプの証拠だろうか？

キャパシタンス変化検出器はとても微小な量を感知するので、ちょっとしたノイズでも信号が変化する。例えば装置の微小な振動もノイズの原因となる。したがって、今回検出した大きな変化が本当にジャンプを示しているという確信がもてなかった。

そこで三井助教授が検出器を改良することになった。そして、ゴールデンウィーク明けに改良機が完成したという連絡を受け、再度実験してみた。

その結果、ノイズの影響が除かれる工夫が施されたため、前回よりも確かな信号変化が捉えられた。

しかし物体を手で回転させるため、実験結果の再現性に乏しいことが判明した。まず対称軸を水平に保って回転させ、その後は自由に回転できるような機械が必要なのである。機械なら回転数も制御できるはずだ。

以前からこれが大きな困難なのであった。

ところが、七月に入ると三井助教授から連絡が入り、電動の回転機ができたという。朗報であったが、一体どんな方法で回すのだろうと興味津々で見学した。

実験室に入ると、日曜大工で使うおなじみの電動ドリルがあった。しかしドリルの先が普通と違っていた。手のひらほどの大きさをもつ金属円盤が着いているのである。そして円盤には小さな四枚のついたてが装着されていた。三井助教授は、これから回転楕円体を回すので、危険を避けるため離れるよう注意する。

息を呑んで見守る中、彼は物体を床に置き、その上からドリルを垂直に当てた。押さえ込むのではなく、少し浮かせ気味にかぶせているようだ。ドリル先端の円盤につけられた四枚のついたては、物体をちょうど挟むようにそれらの配置が調整されている。

スイッチが入れられると、ドリルは大きな音を立てて回転しはじめた。一秒間に三十七回転するドリルである。

物体も円盤とともに回転し始めた。物体が落ち着いて水平に回転した頃、彼はドリルをすっと真上に持ち上げた。すると、物体はその場で自由に水平回転した。そしてその後すぐに立ち上がったのである。

私はその鮮やかさに思わず歓声を上げた。これこそが自由回転の方法だったのである。でき上がってみると、素朴で単純な方法であるが、実は三井助教授苦心のすばらしいアイデアであり、まさにコロンブスの卵であった。

私も恐る恐る試してみた。最初は、ドリルを引き上げる速さが遅かったせいか、失敗した。しかし何度か試みると、すばやく真上に引き上げるというコツを覚えて成功した。

次に三井助教授は、自由回転機を用いて石の台上で回転楕円体を回した。すると、立ち上がる途中でカタカタという激しく打ちつけるような音が聞こえた。比較的ゆっくり回した場合には聞こえない音である。ジャンプしている証拠かもしれない。

いずれにしても、これで卵の自由回転機の原型ができたのである。三井助教授は、もう少し安全で回転数も調整できる改良機を作成すると言った。

ジャンプの実証

七月末、モファット先生からのメールに
「今本当に必要なのは、実験物理学者を得てジャンプを実証する周到な実験をすることだ」
というメッセージが添えられていた。私は、

「実は、実験物理学者を含んだ同僚と実験的にジャンプを検証する試みを続けています。九月末までには確かな証拠を得ることができると思います」

と返事した。

八月に入ると、改良した装置がほぼ完成したという連絡が三井助教授から入った。そこで八月五日午後、三井助教授、寺山助手、そして私の三人で予備実験を行った。

実験室に入ると、回転速度を調節できる自由回転機とキャパシタンス変化検出器を組み合わせた計測装置があり、そのデータは自動的にパソコンで解析できるように準備されていた。本格的な測定システムである。

自由回転機は、鉛直方向にのみ可動となるよう装置に取りつけられた回転金属棒と、その先端に固定された例の金属円盤によって組み立てられていた。また、アクリルの安全防護壁が作成され、回転物体が計測範囲から飛び出ることを防ぐ工夫が成されていた。

三人の役割を決め、回転楕円体を回転円盤の下に設置していよいよ測定開始である。比較的遅い回転数に設定してスイッチを入れる。

するとアルミ製の回転楕円体は見事に水平回転をし、回転が落ち着いた後に金属棒が真上に引き上げられた。その瞬間から物体は自由回転し、キャパシタンスの測定も自動的に始まった。

物体が真っすぐ立ち上がった後に計測を終了し、パソコン画面上で信号の変化をグラフ

自由回転機とキャパシタンス変化検出器を組み合わせた計測装置
（製作：三井隆久　慶應義塾大学医学部助教授）

a　：キャパシタンス変化検出器
b　：高速度ビデオカメラ
c　：電気モーター
d　：アルミ製卵形回転楕円体
e　：研磨した銅製平板
f　：タングステンランプ
g　：マイク

として見る。立ち上がるにつれてキャパシタンスは増加していたが、特に不連続的な変化は見られず、ジャンプしている証拠は無かった。

次に回転数を上げて再度試した。すると、信号は不連続に大きく減少する部分が何カ所か確認され、これこそがジャンプを示していると思われた。

この予備実験の成功後、ジャンプを示すその他の証拠があればなおよいことに考えが及んだ。前に考えた光と音の信号を合わせて計測できれば、より確実となるはずである。

そこで、ジャンプによってできる僅かな隙間から漏れてくる光を高速度ビデオカメラで撮影し、ジャンプして着地した際に生じる衝撃音をマイクで捉えられるよう、計測システムを改良することになった。

私は、実験に対応する数値シミュレーションを行い、実験と比較する役割を担った。さらに、予備実験の好ましいデータを基に論文執筆を始めた。

夏休み中の八月二十二日午後、三井助教授、寺山助手、そして私の三人は、光、音、そしてキャパシタンスの三信号を同時計測する本実験を行った。

アルミ製回転楕円体が銅製の平板台上で自由回転して立ち上がる間、そのスナップショットを高速度ビデオカメラによって撮影し、マイクで音圧を捉え、そして自作の計測器によってキャパシタンスの変化を同時に測定する。

回転数を変えて何度も計測をした中、明確にジャンプを示すいくつかのデータが得られ

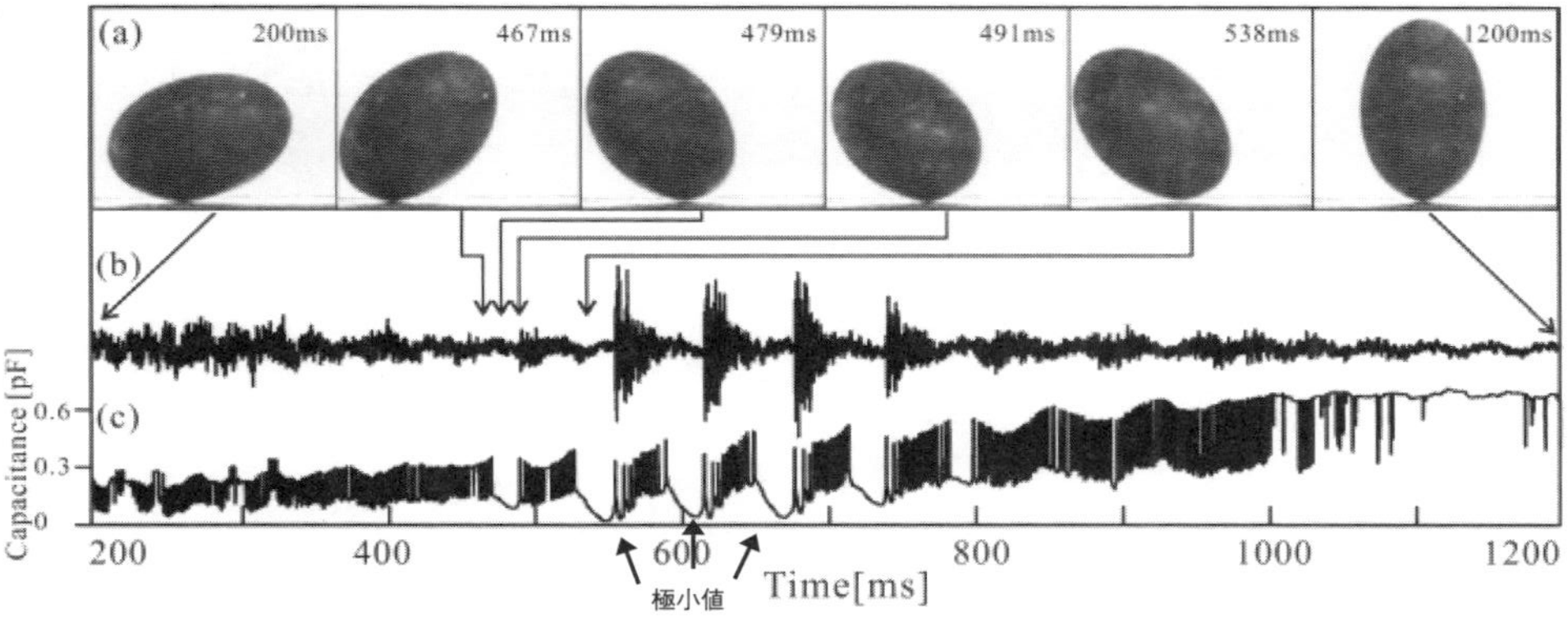

回転楕円体運動の三信号同時観測

（Proc. R. Soc. A **462**, 2897-2905, 2006 より）

(a)：スナップショット
(b)：音圧変化
(c)：キャパシタンス変化

た。

まず、スナップショットでジャンプしたと見える時点において、キャパシタンスも急激に小さくなっていた。また、キャパシタンスが通常の値に回復する時点で、着地による衝撃音が音圧の大きな変化として捉えられていた。つまり、ジャンプが三重に確かめられたのだ。

さらにキャパシタンスは、ジャンプしてから着地するまでの滞空時間の四分の三ほどの時点で極小値をとっていた。これは、物体がジャンプ後その時点で台から最も高い位置に達することを意味している。前年に出版された論文は、この特徴を理論的及び数値的に予測していた。

これらの結果を主な内容とした論文をある程度まとめた段階で、モファット先生と私の恩師である吉澤徴先生に閲読を依頼した。モファット先生からは

「美しい。三重の実証は大変説得力がある」

との返事が来た。吉澤先生からはいくつかの貴重な意見に加え、よりインパクトのある論文タイトルが提案された。

そこで、

「回転卵は本当にジャンプできるか?」

という論文タイトルに変更することにした。その場合、看板に偽りがあってはいけないの

で、本物の卵がジャンプする証拠も加えなければならない。

本物の卵の場合、音圧と電気的測定は難しいが、高速度ビデオカメラによる一連の画像なら撮影できるはずである。私たちはゆで卵を何十個も作り、例の自由回転機で回してみた。

失敗して割れた卵も多かったのであるが、ある卵を回したときついに成功した。立ち上がる過程で複数回ジャンプしている動画が撮影できたのである。

回転ゆで卵のジャンプ

九月八日、実験用に作製を依頼していた形の異なる多くの回転楕円体が、相原技師から届いた。これらを用いれば、細長い卵形物体とまるっこい卵形物体のジャンプに対する違いを調べることができる。形によってジャンプに必要な初期回転数やジャンプの高さが異なるかもしれない。

この実験は三井助教授と寺山助手に任せ、私は数値シミュレーションを実行して実験と比較することになった。

そして一週間ほど後、実験と数値シミュレーションが非常によく合う結果を得、執筆中の論文にその内容を加えた。

また、ジャンプする高さの見積もりも論文に記述した。実験ではジャンプの持続時間しか計測できないのであるが、長くても百分の二秒程度である。その持続時間を用いて、昨年発表した理論を適用すると、初めに一秒間二十五回転させた場合、ジャンプする高さは約十分の一ミリメートルになることが計算できたのである。

九月末、ミカールから『英国王立協会紀要』第三論文の受理を知らせる連絡があった。ちょうどその頃、このようにしてまとめたジャンプ論文を共同研究者と吉澤先生に送った。そして皆の意見を考慮し、ジャンプの実証論文を完成させた。

こうして十月三日の夜中、この論文を『英国王立協会紀要』へ投稿したのである。

結果を待ちわびながら年が明けたが、二〇〇六年一月二十五日、王立協会から論文に対する査読者の論評が送られてきた。

査読者は二人いたが、どちらも論文出版に大変好意的であり、改良するための修正点を指摘しているだけであった。逐一丁寧に答えて論文を改訂し、論文最終版を二月九日夜に王立協会へ送った。

そして春休み中の三月十七日、王立協会から論文受理の吉報を受けた。私は共同研究者にその連絡と協力に対する感謝のメッセージを送り、それと同時に協力を形に残すことができた安堵を伝えた。

その後、私たちの論文をイースターに合わせて報道発表したいという依頼を王立協会から受け、論文要旨の準備をして記者からの質問に答えた。

新学期早々の四月十二日、三井、相原、寺山、小林、下村共著のジャンプ論文は、『英国王立協会紀要』にオンライン発表されることになった。まさに共同研究の勝利であった。

エピローグ

『英国王立協会紀要』二〇〇六年イースター号

二〇〇六年四月十二日、午前六時に起床し、身支度を整えて自宅ポストに入っていた新聞を取った。「実証　卵のジャンプ」と題された記事が写真とともに大きく掲載されていた。

その後大学に向かう途中、キオスクで他の新聞を買ってみると、予想以上に大きな記事が載っていた。多少不正確な記述であったものの、報道された事実を知って一安心した。

そして午前八時半頃、大学の研究室に到着。その日は授業科目「物理学」のガイダンスを午前九時より行うことになっていた。椅子に座ろうとすると突然電話が鳴った。

大学日吉キャンパスの学事センターからで、複数のメディアから問い合わせが来ているとのことだった。私は電話を受けることを承諾したが、ガイダンスのため席を外した。

三十五分のガイダンスを終え、部屋に戻るやいなや電話が鳴った。あるテレビ局のニュース番組からであった。報道のために、卵がジャンプする動画を求められたので、ダウンロード先を指示した。その番組は数十分後に放送されたようである。

その後も多くの電話や電子メールが来たのであるが、すぐには対応できなかった。ガイダンスが終了した夕刻から問い合わせの対応を行い、夜遅くようやく長い一日が終わった。

私たちの論文は、『ネイチャー』、『サイエンス』のオンラインニュースや英仏の新聞等にも、その紹介記事が掲載された。

このような予想以上の反響の中、

「ジャンプ実証の共同研究を依頼された当初は、本当にジャンプしていると信じていなかった」

と三井教授が告白した。私は少し驚いたが、彼のおかげで真実が証明できたのであった。

○・・・・・・・○・・・・・・・○

本書では、回転卵に関する一連の共同研究を雑文によって伝えてきたが、研究を始めてはや六年の月日が過ぎ去った。

その間、本書で伝えたこと以外にも様々な事が起こり、また私の置かれる環境も変化した。もちろんよい結果の出なかったことや、残された問題もたくさんある。

しかし今その六年を振り返ると、回転卵の問題と格闘して無我夢中になれた幸せを感じる。そしてそんな経験を通して重要と思ったことがある。

「不思議に気づくこと」、「力を合わせること」、「自分に誠実であること」、そして「わかりやすく説明すること」の四つである。これら意味の解釈は本書の読者に委ねたい。

私の研究は、複雑な現実の社会から乖離した狭い世界の物理であるかもしれない。しかし、そんな浮世離れした小さな世界の研究も、誰も知らない事実を発見し、部分が集まって構成する全体に将来なんらかの寄与をすることを期待したい。

瑣末で意味がないと見過ごされるもの、あるいは当たり前だと無視されるもの、それらの一つ一つを注意深く考えそして追求して行く姿勢こそ、よりよい社会と幸福な人生に導く鍵になると信じている。

本書は多くの人々の協力によって世に出たものである。紙面では言及できなかったが、安井元規氏や木村達也氏を初め、英国で知り合った人や日本で応援してくれた人、ご協力いただいたすべての人々に心より感謝する。

日吉、二〇〇七年イースター

下村　裕

――参照文献――

・今井　功：「魔法のコマ」, 日本物理学会誌 **8**, 288-293, 日本物理学会, 1953.

・今井　功：『流体力学（前編）』, 裳華房, 1973.

・木田重雄：『いまさら流体力学』, 31-44, 丸善, 1994.

・小暮陽三：『入門ビジュアルサイエンス　物理の仕組み』, 62-63, 日本実業出版社, 1992.

・酒井高男：「逆立ちごま」, 数理科学 **211**, 30-36, サイエンス社, 1981.

・下村　裕：「立ち上がる回転ゆで卵の解」, パリティ **18**, 52-56, 丸善, 2003.

・寺田寅彦：『寺田寅彦随筆集第二巻』, 小宮豊隆（編）, 130-156, 岩波書店, 1993.

・戸田盛和：『おもちゃの科学［第1巻］』, 147-150, 日本評論社, 1995.

・戸田盛和：『コマの科学』, 岩波新書, 107-124, 1980.

・戸田盛和：「回転する卵はなぜ直立する」, 科学 **72**, 932-939, 2002.

・西山　豊：『サイエンスの香り―生活の中の数理』, 57-68, 日本評論社, 1991.

・西山　豊：『ブーメランはなぜ戻ってくるのか』, 171-210, ネスコ, 1994.

・伏見康治：「逆立ちごま」, 数学セミナー **3**, 28-32, 日本評論社, 1967.

・伏見康治：「逆立ちごま（II）」, 数学セミナー **4**, 38-42, 日本評論社, 1967.

・伏見康治：「逆立ちごま（III）」, 数学セミナー **6**, 32-34, 日本評論社, 1967.

・本川達雄：『ゾウの時間ネズミの時間―サイズの生物学』, 3-7, 中央公論社, 1992.

・渡辺慎介：「卵はいかに立つか」, 数理科学 **211**, 37-42, サイエンス社, 1981.

・テレンス・ハインズ：『ハインズ博士「超科学」をきる―真の科学とニセの科学をわけるもの』, 井山弘幸（訳）, 1-38, 化学同人, 1995.

- Batchelor, G. K.: "*An Introduction to Fluid Dynamics*", Cambridge University Press, 1967.
- Bondi, Sir H.: "The Rigid body dynamics of unidirectional spin", Proc. R. Soc. Lond. A **405**, 265-274, 1986.
- Bou-Rabee, N. M., Marsden, J. E. and Romero, L. A.: "Tippe top inversion as a dissipation-induced instability", SIAM J. Appl. Dyn. Syst. **3**, 352-377, 2004.
- Braams, C. M.: "On the influence of friction on the motion of a top", Physica **18**, 503-514, 1952.
- Branicki, M., Moffatt, H. K. and Shimomura, Y.: "Dynamics of an axisymmetric body spinning on a horizontal surface. III. Geometry of steady state structures for convex bodies", Proc. R. Soc. A **462**, 371-390, 2006.
- Branicki, M. and Shimomura, Y.: "Dynamics of an axisymmetric body spinning on a horizontal surface. IV. Stability of steady spin states and the 'rising egg' phenomenon for convex axisymmetric bodies", Proc. R. Soc. A **462**, 3253-3275, 2006.
- Clanet, C., Hersen, F. and Bocquet, L.: "Secrets of successful stone-skipping", Nature **427**, 29, 2004.
- Gray, C. G. and Nickel, B. G.: "Constants of the motion for nonslipping tippe tops and other tops with round pegs", Am. J. Phys. **68**, 821-828, 2000.
- Hugenholtz, N. M.: "On tops rising by friction", Physica **18**, 515-527, 1952.
- Jellett, J. H.: "*A Treatise on the Theory of Friction*", Macmillan, London, 185, 1872.

· Johnson, K. L.: "*Contact Mechanics*", Cambridge University Press, 1985.
· Kovalevskaya, S.: "Sur le problème de la rotation d'un corps solide autour d'un point fixe", Acta Math. **12**, 177-232, 1889.
· Libby, P. A. and Williams, F. A.: "*Turbulent Reacting Flows*", Springer-Verlag Berlin and Heidelberg GmbH & Co. K, 1980.
· Libby, P. A. and Williams, F. A.: "*Turbulent Reacting Flows (Combustion Treatise)*" , Academic Pr., 1994.
· Mitsui, T. et al.: "Can a spinning egg really jump? ", Proc. R. Soc. A **462**, 2897-2905, 2006.
· Moffatt, H. K.: "Euler's disk and its finite-time singularity", Nature **404**, 833-834, 2000.
· Moffatt, H. K. and Shimomura, Y.: "Spinning eggs - a paradox resolved", Nature **416**, 385-386, 2002.
· Moffatt, H. K., Shimomura, Y. and Branicki, M.: "Dynamics of an axisymmetric body spinning on a horizontal surface. I. Stability and the gyroscopic approximation", Proc. R. Soc. A **460**, 3643-3672, 2004.
· Sasaki, K.: "Spining eggs - which end will rise?", Am. J. Phys. **72**, 775-781, 2004.
· Shimomura, Y.: "Effects of the air chamber and the shape on the rising motion of a spinning egg", Kyoyo—Ronso **123**, 39-54, 2005.
· Shimomura, Y., Branicki, M. and Moffatt, H. K.: "Dynamics of an axisymmetric body spinning on a horizontal surface. II. Self-induced jumping", Proc. R. Soc. A **461**, 1753-1774, 2005.
· Thomson, W.: "On the precessional motion of a liquid [Liquid Gyrostats]", Nature **xv**, 297-298, 1877.

・Ueda, T., Sasaki, K. and Watanabe, S.: "Motion of the tippe top - gyroscopic balance condition and stability", SIAM J. App. Dyn. Syst. **4**, 1159-1194, 2005.

・Williams, F. A.: "*Combustion Theory (Second Edition)*", Addison-Wesley, 1985.

・Williams, H.: "*Stories of King Arthur*", John Jones, 1990.

［著者紹介］
下村 裕（しもむら　ゆたか）

慶應義塾大学法学部教授。理学博士。1989年東京大学大学院理学系研究科（物理学専攻）博士課程修了。東京大学理学部助手，慶應義塾大学法学部専任講師，同助教授を経て，2000年より現職。主な研究分野は力学。2006年より慶應義塾志木高等学校校長を兼務。著書に『演習　力学［新訂版］』（共著，サイエンス社，2006年）がある。

ケンブリッジの卵
―― 回る卵はなぜ立ち上がりジャンプするのか

2007年7月20日　初版第1刷発行

著者 ―――― 下村 裕
発行者 ――― 坂上 弘
発行所 ――― 慶應義塾大学出版会株式会社
〒108-8346　東京都港区三田2-19-30
TEL〔編集部〕03-3451-0931
〔営業部〕03-3451-3584〈ご注文〉
〃　03-3451-6926
FAX〔営業部〕03-3451-3122
振替　00190-8-155497
URL http://www.keio-up.co.jp/
絵 ―――― 楠都実以
印刷・製本 ―― 株式会社太平印刷社

Printed in Japan ISBN 978-4-7664-1334-2